《中外生态文明建设100例》 编写组 编写

中外
生态文明建设100例

ZHONGWAI SHENGTAI WENMING JIANSHE 100 LI

百花洲文艺出版社

目录

contents

中外
生态文明建设
100例

■ 生态农业

■ 生态科技

■ 生态旅游

■ 生态保护

■ 生态治理

生态城市

SHENG TAI CHENG SHI

urban forest【城市森林】城市内的人工营造的或原来残留的森林群落。

urban ecological【城市生态系统】城市人群与其自然环境和人工建造的社会环境相互作用而形成的统一体。或者说是人类社会、经济和自然3个子系统构成的复合生态系统。

美国华盛顿式首都建设范本

作为美国的代名词，华盛顿在外界眼中所彰显的是强盛与霸道。然而，政治以外的华盛顿却显得格外温婉静谧。在美国城市中，华盛顿是少数几个经过规划的城市之一，采用了放射形干道加方格网的道路系统，更难能可贵的是1791年所做的规划和主要的规划思想在以后的200年时间内得到贯彻和完善，使华盛顿成为美国乃至世界最美丽的城市之一。

美国独立战争胜利后，于1780年选定华盛顿建都，并聘请法国军事工程师朗方对城市进行规划。朗方根据华盛顿地区的地形地貌、风向、方位、朝向等条件，选择了这个地势较高和取水方便的地区作为城市建设用地，并选定琴金斯山高地布置国会大厦。朗方的方案是以国会大厦为中心，设计了一条通向波托马克河的主轴线，又以国会和白宫两点向四面八方布置放射形道路，通往广场、纪念碑、纪念堂等重要公共建筑物，并结合林荫绿地，构成放射形和方格形相结合的道路系统。街道布局采取棋盘式和轮辐式相结合的方法，以国会大厦作为各条街道编号的基本点，南北走向街道以阿拉伯数字命名，东西走向街道以英文字母排列，交叉于各街间的斜向大街，则以最先加入联邦的十三个州命名。许多道路交叉点被设计成圆形、方形广场，道路宽阔，绿树成荫，景观富于变化。

以现在的观点看，朗方的方案具有一定的预见性和前瞻性。当时美国的全国人口仅有400万，他正确地预见到华盛顿的人口将比这个数目高出许多，他曾说："首都的建设从一开始就必须想到要给子孙后代一个伟大的思想。"朗方的方案还充分考虑了对自然生态要素的利用，合理利用了华盛顿地区特定的地形地貌、河流、方位和朝向。在城市中心区两条主轴线之间预留了大面积开阔的草地和水池，将城市轴线的焦点置于波托马克河边，同时，将开阔的自然景色和绿化引入城市中心。200多年来，建筑、广场、绿地、河流构成的传统格局一直被悉心保护，城市基础设施、人文环境和自然景观科学搭配，相互点缀，浑然一体。

在华盛顿地区的可持续发展实践中，自然资源保护是该区域在城市规划和实施管理方面最为成功的案例之一。市区的森林覆盖率为30%，城市形象被定义为"树木之城"。华盛顿全城绿地面积为31平方公里，人均超过40平方米，郊区和市区共有20多座大型国家公园、植物园。华盛顿的市中心既不是标志性的现代化建筑聚集地，也不是繁华的商业街区，而是一片生态环境良好的绿地。整个华盛顿城就像一座山清水秀的大公园，城外青山环抱，城内清澈的河流缓缓流过，两岸浓荫密布，林中鸟语花香，就连许多建筑物的楼顶都布满了绿色植被，自然与人文交相辉映，和谐共处。

由于受城市发展的空间限制，交通阻塞一直是许多现代化大都市的困扰，华盛顿也曾遭遇同样的难题。华盛顿解决交通问题主要靠加强交通基础设施建设和强化法制。

早在20世纪60年代，华盛顿就已建成长达158公里的地上地下铁路运输系统，通达市郊各地。市内以地铁为主要交通工具，公共汽车站一般设在地铁站附近，方便旅客中转和乘坐。为了解决交通堵塞问题，华盛顿制定了"保证回家计划"，鼓励人们使用公共交通工具，少用私家轿车。该计划规定工作日上下班时安排大巴和地铁专线接送职工。华盛顿的交通执法十分严格，整治交通秩序从不手软。强有力的公共交通基础保障和法制管理，使得华盛顿的城市交通井然有序。

半个多世纪以来，华盛顿地区的各级政府始终把环境保护放在重要的位置，逐渐出台了相关的法律法规，来应对工业化导致的环境污染、过量的汽车和城市的蔓延。

【点评】首都是一个国家的缩影。美国首都华盛顿与中国首都北京有许多相似之处，纬度接近，都处于大陆东岸，靠近海洋，都是非常美丽的地方。在建都时都经过大手笔的规划，华盛顿主要是围绕首都行政功能而设计的，城市布局科学合理，发展空间游刃有余，而北京承载了太多的政治、经济、文化、教育、军事等功能，首都重担加上大城市病把北京压得气喘吁吁，不由得使人对北京的现状深感焦虑，对它的未来充满担忧。
climatic change【气候变化】气候演变、气候变迁、气候振动与气候振荡的统称。

生态词典 **carbon emission【碳排放】**碳排放是关于温室气体排放的一个总称或简称。温室气体中最主要的气体是二氧化碳，因此用碳一词作为代表。

丹麦哥本哈根的零排放可能性

　　丹麦首都哥本哈根是北欧名城，也是世界上最漂亮的首都之一，这里诞生了安徒生童话和美人鱼，被称为最具童话色彩的城市。哥本哈根还是世界上第一个为防止地球气候变暖而采取强制性"绿色屋顶"法规的城市，被评为欧洲最时尚的环保城市，也是丹麦作为气候友好型国家的重要窗口。著名的联合国气候大会，使得哥本哈根成为全球关注的生态之都。随着全球气候变暖进程的加快，到此参观访问的人络绎不绝，因为在清洁能源的开发利用及碳减排方面，哥本哈根已经走在世界前列。哥本哈根承诺，要在2025年建成全球首个"零碳排放"城市。

　　假如你想知道为什么哥本哈根是欧洲最环保的城市，你可以在早高峰时段到市中心去看一看，每天大约有35000辆自行车经过，使这里成为欧洲最繁忙的自行车要道。这种环保意识已经成为这个城市公共政策的基础，并且渗透到了哥本哈根居民的日常生活方式中。

　　"在哥本哈根骑车"是一项免费租用自行车项目，它在市中心设有100个停车点。市民只要在停车点付20丹麦克朗作为定金，就可以租借一天的自行车。目前，差不多有40%的哥本哈根人骑车去上班或上学。有趣的是，在哥本哈根市内，所有交通红绿灯变化的频率是按照自行车的平均速度设置的，如果你匀速骑车，基本可以一路畅行，不被红灯所卡；相反，你驾驶着汽车行驶，总会被一个又一个的红灯所阻挡，而且停车场极少又昂贵，因为市政府将许多汽车停车场改为了自行车停车场。

哥本哈根人热爱自然，由丹麦画家维格·维涅柏设计的旅游招贴画画的是一位警察阻断了所有交通以便让一只母鸭子带领小鸭子横过马路，是哥本哈根人环保观念"偏执"的真实写照。有的人甚至极端到连苍蝇也不打，认为"他们也有生存权利"。

在哥本哈根，饮食方式也体现了居民的环保意识。这里是欧洲最大的有机食品消费城市，居民会尽可能消费本地生产的食品。就连啤酒，哥本哈根人也更偏爱自产的碳中和啤酒。

你也许没有听过可持续购物，但在哥本哈根，这已成为常态。在哥本哈根主要商业街有许多商店出售挂有生态标签的货品，有用自然材料制成的风格独特的服装，也有著名服装设计师设计的有机服装。

在哥本哈根，住宿也离不开环保。哥本哈根碳中和皇冠广场被称为世界上最绿色环保的酒店，酒店建筑内安装了欧洲最大规模的太阳能电池阵列，还有地下水冷暖系统，与同等规模的酒店相比，可以节省能耗90%。同样，在凡斯特波罗，被授予"绿色地球"称号的艾克赛尔·古尔德斯弥敦也是一家崇尚环保的酒店，酒店使用的每一件东西，从电力到清洁用品，甚至客房里的小酒吧，都是可持续或有机的。

在能源方面，哥本哈根大力推行风能和生物能发电，随处可见通体白色的现代风车，这里有世界上最大的海上风力发电厂，电力供应大部分依靠零碳模式。

哥本哈根海港的公共浴场改造项目是哥本哈根市环境保护和绿色发展的又一个成功范例。在上世纪70年代，和世界上其他所有城市的工业化过程一样，哥本哈根的城市污水经过下水道被直接排放到海港中，海水受到严重污染。为了解决这一环境难题，丹麦政府痛下决心，投巨资建设了覆盖哥本哈根全城的现代化污水处理系统。经过系统的治理和长期不懈的努力，哥本哈根海港的水质得到大幅提升，海洋生态得到恢复和发展。哥本哈根在谱写绿色零碳童话的过程中，绿色科技和绿色经济也得到迅速发展。

穿梭街头的自行车是这座城市的"绿色符号"，壮观的海上风电场是这个城市的"绿色动力"。四通八达的绿色交通、鳞次栉比的绿色建筑、随处可见的白色风车构成了一道道独特的城市风景线。也许这就是哥本哈根做得最出色的地方——它不仅有环保意识，并且还把环保意识转变为生活的乐趣，然后乐此不疲地投入其中。

【点评】哥本哈根敢于提出零排放城市建设计划，与它整个国度的环境友好传统文化和长期的历史积淀是分不开的。厚重的历史积淀为创造新的环境神话奠定了基础。在哥本哈根，人们有着强烈的环保意识、丰富的环保知识和积极的参与热情。政府有良好的城市环境管理经验和规章制度。城市建筑格局和交通系统无需做大的改造和调整。这一切都是新计划顺利实施的必要条件。

瑞典哈马碧的生态城市样本实验

中外生态文明建设100例

8

　　哈马碧在瑞典语中的意思是"临海而建的城市"，它位于瑞典首都斯德哥尔摩城区东南部，这个地区过去曾是一处非法的小型工业区和港口，有许多搭建的临时建筑，垃圾遍地，污水横流，土壤遭受严重工业废物污染。上世纪90年代起，为争取2004年夏季奥运会的主办权，斯德哥尔摩市政府开始对这个地区进行改造，并将其规划成为未来的奥运村。虽然最后申奥未能成功，但可持续的生态规划最终得到了实施。在瑞典学者和企业提出"生态城市"的概念之后，哈马碧生态城逐渐脱颖而出。

　　"生态城市"又被称为"建造给未来的城市"，它是指城市的规划、建设不仅要着眼于当前居民的生活质量、健康水平、舒适程度和安全性，还要考虑到对下一代居民的可延续性。

　　哈马碧虽被称为城市，但实际上它只是一个经过高度规划、功能复合的新型社区，一座高循环、低耗费，与自然环境和谐共存的社区。因为其成功的环保理念，它也成为全世界建造可持续发展城市的典范。

　　哈马碧生态城的可持续发展，主要体现在建筑和交通的节能减排上。

此外，可再生新能源来源多元化、垃圾、给排水循环处理等，对城市可持续发展也至关重要。

哈马碧生态城主要采用高效节能建筑，建筑材料的选择一定是环保健康的，并鼓励使用回收材料。"绿色屋顶"也是非常受欢迎的一项措施，通过在屋顶种绿植使屋顶温度降低5摄氏度以上，既能减少建筑物能耗，还能净化空气，美化环境。

在交通上，哈马碧生态城首先是建立了立体交通体系，包括有轨电车、轮渡、地面公交线、地下快速线等，并与市中心及其他地铁线路连接。为了鼓励公共交通，新城的轮渡全年免费，直达市内码头。为了方便私人汽车的使用，还成立了对所有居民和工作者开放的公用汽车联盟。会员通过手机获取开车密码，就近取车，用完后再将车辆停放在指定的地点。

建设并实施了可循环的整合能源环境方案，是哈马碧生态城最大的特色，被称为"哈马碧模式循环链"，垃圾处理、能源利用和给排水是其循环链的关键内容。

哈马碧生态城的废物不再是垃圾，而是一种可以利用的资源。地下真空管网垃圾收集和转运系统非常有特色，它采用封闭式全自动地下废物收集系统，可将所有废弃物中75%收集并用于重复利用或者做燃料，生活垃圾的再利用率达到了95%。

在哈马碧生态城修建完成后，当地居民生产所需能源的50%都可由自己解决。区域采暖部分来自于当地的可燃烧垃圾，生物燃料，净化排水中的热回收，或是太阳能转化能源。制冷主要依靠在热电厂经过净化的排水在由热交换泵冷却之后产生的"余冷"，来冷却降温网中循环的水。换而言之，哈马碧生态城将所有可能再循环利用的能源尽量都利用起来了。建筑物外墙的太阳能电池还能够解决建筑物公共空间的用电。净水厂的排水沉积物腐烂产生生物燃气，为哈马碧生态城的燃气灶提供燃料。

哈马碧生态城以水城著称，因此其对水的利用技术最为人称道。在斯德哥尔摩，目前人均每日用水180升，但在哈马碧则减少至100升。哈马碧生态城建立了实验净水厂，以便评估排水净化新技术。排水沉积腐烂时，提取生物燃气。腐烂的生物净水沉淀用于积肥。花园和屋顶的雨水、街头的雨水直接导入哈马碧海。马路地沟水被导入两个封闭的蓄水池。在那里水保持静止，以便不洁物沉降到底部，然后再将水导入运河中。

这样，"供水排水循环链"与"垃圾循环链"、"能源循环链"等相互整合，最终形成了哈马碧生态城整体上的生态"循环链"。

作为建给未来的生态新城，哈马碧的确是可以参考的范本，它为现代城市的开发建设提供了很大启发，尤其是它的节能环保理念值得学习和借鉴。当然，哈马碧生态城的实现，得益于瑞典的经济水平、科研实力以及人口规模等等，如果照搬模式，未必能完全复制。

【点评】哈马碧生态城是一个旧城改造建新城的案例，其中市区的扩容究竟要怎么做是关键。当前，国内很多城市都是孤立地再造一座新城，由于配套设施没有跟上，去的人少，不少新城变成了空城。而哈马碧生态城是斯德哥尔摩内城的自然延伸。新城以哈马碧湖为亮点，融合了形式设计、基础设施、城市规划和社区结构。哈马碧生态城将封闭的传统内城与开放的现代化平台结合，值得学习。

生态词典　　**green building【绿色建筑】** 在建筑的全寿命周期内，最大限度地节约资源、保护环境和减少污染，为人们提供健康、适用和高效的使用空间，与自然和谐共生的建筑。

landscape process【景观过程】 构成某个景观的生态系统之间的物质、能量和有机体的交流。

新加坡绿色建筑引领环保生活

新加坡是一个面积只有600多平方公里的现代化城市，又是一个自然资源稀缺到连水和沙石都要依赖进口的岛国。但是随着经济社会的发展和人口的不断增长，有限的资源与持续发展之间的矛盾成了摆在人们面前的严峻挑战。特别是随着全球变暖趋势日益明显，作为平均海拔仅15米的岛国新加坡，对于节能减排、可持续发展的意识自然非常强烈。从政府、企业到市民，都有一种真正视生态环境和能源节约为生命的绿色意识。在城市建设方面，集中体现在对绿色建筑的高度重视和执着追求。

所谓"绿色建筑"的"绿色"，并不是指一般意义的立体绿化、屋顶花园，而是代表一种概念或象征，指建筑对环境无害，能充分利用环境自然资源，并且在不破坏环境基本生态平衡的条件下建造的一种建筑，又可称为可持续发展建筑、生态建筑、回归大自然建筑、节能环保建筑等。

新加坡的绿色建筑起步早，范围广，涉及办公楼、住宅区和商业区。新加坡绿色建筑模式的核心是政府引领。早在2005年，新加坡建设局就推出了"绿色建筑标志认证计划",旨在保证建筑环境的可持续性,使开发商、设计师和承建商提升在项目概念、设计乃至建筑过程中的环保意识。如今,该计划已经成为强制性建筑法规。

"绿色建筑标志认证计划"主要评估建筑的环境影响与性能表现,其评估依据包括节能、节水、场地与项目管理、室内环境质量与环境保护、创新等五个方面。根据评分高低分为认证级、金奖、金＋奖、白金奖四个等级。达到金奖以上等级的,政府给予一定的物质奖励。为此,政府每年提供2000万新元作为奖励资金。业主可于设计阶段即提出绿色建筑标志认证申请,建设局根据其设计图纸即可作出认证,以鼓励和引导业主按照绿色建筑的要求进行设计、施工以及用能管理。业主借认证标志提升其建筑品位,并作为营销的策略。

在新加坡维多利亚街中心,有一个地标性建筑——国家图书馆。这座楼高16层、耗资数亿新元的前卫式建筑物,总面积5800多平方米。然而,这座建筑最令人关注的亮点并不是其宏伟现代的外观设计,而是隐藏其内的符合生态气候、令人耳目一新的系列环保节能设计。此建筑因此被世人誉为"超级节能楼",并一举获得了新加坡绿色建筑认证最高奖——白金奖。

这幢建筑首先选用最佳的建筑朝向和位置,尽量减少热负荷,充分利用自然风,并利用围护结构的隔热性能防止热的传递。其外沿大都用玻璃天棚遮盖。整体建筑分割为两个体块,其中一个体块悬于地面之上,使风可以自然流通,从而起到降温作用。中庭的玻璃顶上安装了百叶,利用对流将热空气抽离室内,自然形成空气对流。此外,该建筑设置了阳光遮蔽系统,采用日光照明策略,尽可能多地获得自然光。室内的光线与气温可随室外变化而进行宜人的调整,建筑内部只有部分采用空调制冷,其余均利用自然通风或机械(如风扇)降温。充足的光照和一系列避光设施的安装,使得大部分室内空间可以利用自然光,而不需要过分地借重于电灯的使用。建筑师还在建筑内部采用了一套温控分区系统,为每个区域定制了个性化的气温控制方案。

为发展绿色建筑，新加坡政府采取了灵活多样的政府激励机制和奖励措施，除财政资金补助以外，还包括税收、土地等资助方式。此外，新加坡还大力培养绿色建筑专业人才，新加坡建设局下属的新加坡BCA建筑学院开设了绿色建筑科技专业，培养建筑节能、绿色建筑技术的研究开发和应用人才。

2011年新加坡建设局宣布，计划对正在实施改造的建筑实行绿色建筑标志计划，使新加坡成为世界上最早对既有建筑强制实施绿色标准的国家之一。2011年12月，在德班气候大会上，新加坡被授予区域领袖奖，因为其绿色建筑总体规划在亚太地区具有示范作用。

【点评】在生态中国的建设框架中，绿色建筑已然成为未来建筑的趋势。2013年1月，国家发改委、住建部出台了《绿色建筑行动方案》。根据新方案，包括政府投资的国家机关、学校、医院、博物馆、科技馆、体育馆、保障性住房等建筑，以及单体建筑面积超过2万平方米的机场、车站、宾馆、饭店、商场、写字楼等大型公共建筑，自2014年起全面执行绿色建筑标准。

livable city【宜居城市】具有良好的居住和空间环境、人文社会环境、生态与自然环境和清洁高效的生产环境的居住地。

sewage disposal【污水处理】为使污水达到排水某一水体或再次使用的水质要求，并对其进行净化的过程。

瑞士日内瓦的宜居秘密

　　日内瓦是瑞士第二大城市，以深厚的人道主义传统、多姿多彩的文化活动、重大的会议和展览会、令人垂涎的美食、清新的市郊风景及众多的游览项目和体育设施而著称于世。

　　日内瓦位于日内瓦湖的西南角，自古便是西欧重要的交通要道，再加上它还是加尔文新教的中心和众多国际组织的所在地，这种地理和历史背景使日内瓦形成了以第三产业为主的经济发展模式，同时较早地开始了现代化城市建设。但在城市化的过程中，不可避免地遇到很多问题，日内瓦为此也付出很多努力，其中城市交通问题就是日内瓦政府改善城市生活的一个重点，也很具有代表性。

　　二战以后，汽车业飞速发展，到了20世纪末期，汽车已经塞满了整个城市，使得出行非常困难。于是日内瓦市政府决定大力发展公共交通，除了公共汽车之外，还建造了四通八达的有轨电车网和无轨电车线路。在发展公共交通的同时，日内瓦还对城市道路网进行了重新规划，建设了相互交织的主干道网以缓解交通压力，而且还在主干道所包围的区域内设立步行区和限速30公里区，以保障居民的良好生活环境。另外，政府目前还正在建造大量的地上、地下停车场，以解决停车难的问题。

不过，让日内瓦人最为骄傲的经验是如何更有效地利用水资源。瑞士身处阿尔卑斯山区的地理条件，使瑞士人积累了很多合理利用水资源的经验。在2010年的上海世博会上，日内瓦与苏黎世、巴塞尔联合推出以"改善水质让城市生活更美好"为主题的城市馆，展示其在水资源管理方面的经验和技术。

20世纪70年代，由于大肆开发利用和大量农业、工业废水和家庭污水的注入，日内瓦湖污染极其严重，无法用于生产和休闲。瑞士联邦、沿湖各州及私营机构及时意识到问题的严重性，出台了全方位的治理措施，并实施了一系列预防战略措施。日内瓦湖的污染防治采取了两种相辅相成的措施。一是清除湖水中的污染物，采取的措施包括：合理建设管道系统，将居民生活废水和工业废水输送到处理工厂；借助各种处理手段将废水中的有机质和含磷污染物清除之后才将废水排放到湖、河等自然环境当中。二是防止污染物进入水体，采取的措施包括：制定严格的废水排放标准，禁止使用含磷衣物洗涤剂；设法减少耕作过程中的营养流失、限制化肥和杀虫剂的用量。为了改善水质，瑞士政府制定了严格的法律来限制排污行为，建立了污水处理工厂，即便是处理过的污水也不会被排入湖中。由于这一湖泊一半属于法国，当地政府还建立了跨国水治污机制，促进两国合作联手应对河水污染问题。

早在150年前，日内瓦就成立了旨在维护城市环境的专业园林队，大到规划小区绿化、植花移草，小到某个街角放置什么题材的雕塑、摆放什么品种的鲜花都考虑周到。城市环卫管理所更是清洁卫生的守护神。日内瓦的每个居民区都有垃圾回收站，居民要将瓶子、废旧电池、家用电器和旧家具按照不同的地点堆放，以便回收再利用。为防止垃圾混装或不按照规定地点堆放，环卫管理所还制定了严格的罚款条例。

为保持城市清洁卫生，环卫工人的社会地位和福利待遇得到了很大提高，他们被称为"城市美容师"，不仅工资收入达到了城市中等收入水平，而且劳动方式从纯粹的体力劳动转化为机械化作业。

坚持经常性宣传也是保持城市环境卫生的一个重要手段。日内瓦大街上、公交车辆上经常出现环保宣传广告，环卫管理所也及时发放环保宣传品，上面主要介绍环保常识、新出台的环保政策以及本区垃圾收取时间等。日内瓦垃圾处理场也对外开放，邀请市民参观处理垃圾变废为宝的过程。

作为生态保护与现代化高度发展兼顾的宜居城市，日内瓦在近些年来的全球宜居城市排名中始终名列前茅。

【点评】从日内瓦这座城市的发展状况，我们可以了解到瑞士在建设现代化城市的过程中，非常注重保护人们的生活环境，从而使人们的生活变得更加美好。中国的环保之路才刚刚起步，在许多方面还有很大不足。政府应该不断改进环保手段，完善法律法规，加大惩罚力度，鼓励公众参与，特别是加强环保意识和环保知识的普及。

生态词典 urban function【城市功能】城市系统对外部环境的作用和秩序。

shelter-forest【防护林】防止风沙、保护环境的人工林木区。

波兰华沙的绿色复兴

与许多世界名城一样,波兰首都华沙也有河流穿城而过,但她不以水闻名,而是以绿色饮誉世界。华沙自称为"找不到一寸裸露的泥土"的绿色之城。华沙的绿并非与生俱来,而是年复一年绿化的结果。

华沙是一座具有700年历史的古城,16世纪末成为首都,曾是欧洲一大都市。第二次世界大战中,华沙遭到严重破坏,85%的建筑被毁,几乎变成了一座"死城"。战后重建华沙时,苏联人提出要按"老大哥"的模式建设一个全新的、社会主义的新华沙,而华沙人纷纷要求按古城原样重建。于是,波兰政府决定在原址重建城市,并且制定了《华沙重建规划》。

1945年的规划,规定限制城市工业发展,要求沿现有交通运输线建造住宅区,扩大绿地面积,其中包括建立一条南北向穿过市区的绿化走廊,扩展维斯杜拉河沿岸的绿色走廊。不到一年,华沙人口恢复到47万人,重建了历史性建筑——华沙古城,并使它有机地纳入现代大城市的布局之中。

经过四年的恢复时期,华沙进入改建和新建阶段。1950~1955年的六年计划要求把华沙建成全国的政治、文化中心。城市布局中将重工业设置在东北部，将电子工业、轻工业、仓库等设置在南部。1969年7月，制定了华沙和大华沙地区城市组群的总体规划，这是华沙城市规划中一个意义重大的转变。新的总体规划把城市规划同地区乃至全国的发展规划密切地结合起来，扭转了强调发展工业的倾向，转而致力于发展有首都特定意义的专门职能，使它成为全国最大的政治、科学、国际交通、文化、信息中心以及国内外旅游中心。

城市总体布局呈单中心、多方向带状模式，沿着维斯杜拉河的两侧向西、南、东三个主要方向伸展，并有大量的农田、果园和森林揳入城市。华沙城市规划布局，是通过对远景发展的方向性探讨而确定的，以1962年的数据来预测到2000年的城市发展。规划的原则是：限制增加职工；控制城市人口增长速度；合理使用城市基础设施，扩大城市服务功能，提高服务标准；进一步完善华沙市区和地区内城市组群之间的联系；严格保护环境资源；在森林地、低洼地和肥沃的农业生产地段不设置居住区；扩大绿地系统使城市具有良好的生态环境等。

经过40年的建设，一座工业发达、科学技术先进，既实用又满城翠绿的现代化都市已告建成。

华沙现有65座公园和众多绿化地带，绿地面积达12600公顷，人均绿地面积达77平方米，是世界各国首都当中人均绿化面积较大的城市之一，城郊还有6万多公顷的森林和防护林带，被称为"世界绿都"并不为过。华沙绿化的特点之一是拥有完整的绿化体系，整个城市的绿化设计既有个性，又有系统性，城市中的绿地、树林、公园同郊外的防护林带有机地衔接在一起。华沙绿化的另一突出特点是城市绿化与果菜园相结合，现有果菜园2700公顷，占全市总面积的6%。果菜园里建有棚室，专向城市居民出租。华沙市内，所有马路两旁都是绿树成荫，到处是绿色的草坪，住宅周围花草繁茂，芬芳扑鼻。在繁华市区内和广场，用水泥槽式的花盆栽种花草。街道两旁还设有活动花盆车，车上摆放着许多五颜六色的鲜花。每幢居民楼的房上和阳台上也摆满了花。远远望去，就像一座空中大花园。

华沙的法律规定，任何一个新建单位必须有50%以上的面积作为绿化用地，而且绿化必须和建房同时完工。

值得一提的是，华沙尽管处处是花草树木，却看不到"请勿摘花"、"禁止践踏草坪"之类的牌子，因为大人小孩都已养成了爱护花草的习惯。

【点评】在战后的欧洲各个国家普遍地形成了一个被称为"华沙精神"的重要的思想信条，即人们"用自己的双手重建家园"，就是恢复被战争破坏了的历史建筑、回归原有的城市形态和空间的传统性。因此，从20世纪40年代末期到50年代初期，在欧洲兴起了"古城复兴运动"，并且这一运动延续了很长时间，有的国家一直持续到20世纪70年代。虽然这些工程延续了比较长的时间，但是所有的修复都使得城市更加精彩，城市的历史得以延续，文化没有被强权所泯灭。

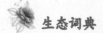
旧城改造的西班牙巴塞罗那模式

中外生态文明建设100例

20

　　巴塞罗那是一个被国际建筑界公认的将古代文明和现代文明结合得最完美的城市。这一切归结于巴塞罗那对老建筑精心的保护和"以旧修旧"的城市改造原则。对于他们而言，大拆大建与这座城市的性情格格不入，170年前就已经浸入巴塞罗那人骨子里的老建筑保护意识，让他们推动旧城改造时，一定要对老建筑小心翼翼地去保护。

　　承办1992年第25届奥运会，成为巴塞罗那推动旧城改造的重要契机。在筹备奥运会的6年时间里，巴塞罗那共对2772座建筑进行翻新，建设了450个市政公园，旧城面貌焕然一新。

　　巴塞罗那的城市旧区改造是从20世纪80年代开始的，与英国、德国等工业化国家在旧区改造上注重新经济模式、物质创造不同，巴塞罗那的旧区改造历程更侧重于对城市形象、精神文明等软性资源的再塑造上。

　　首先，营造"公共空间"引导城市内涵和形象价值的再创造，1981～1991年期间，为了恢复扩展区市中心和街坊的活力，迅速改善城市环境，巴塞罗那政府改建和创造了许多小公园、小广场，彻底改善了城市面貌和居民的生活质量。这种小规模的公共空间开发，将复杂的旧城改造问题一一分解，具有很强的针对性和灵活性，有效避免了大规模改造带来的盲目性和破坏性。

其次，简单的设计手法，凸显人文主义关怀。在巴塞罗那的规划学者们看来，城市公共空间的主角是使用公共空间的人，人的各种活动和穿着给空间带来活力与生气。因此，空间本身应该简单，避免复杂的空间、造型和素材。

第三，分类保护，详尽立法。巴塞罗那至今已有200多年的建城史，公元12世纪成为地中海岸最重要的商业城市。为保护好这座历史文化名城，巴塞罗那政府采取了许多行之有效的措施。在保护方式方面，巴塞罗那分为三种形式：一是严格保留原物的历史地段，要求对重要的历史建筑完整、准确、原封不动地永久保存下来；二是以保护为主，适当添建与改建的历史地段，要求基本保留原有的街区格局和原有建筑物；三是以改建为主、保护为辅，保留旧有格局和富有特色的建筑及街区的历史地段。

在法律方面，巴塞罗那专门颁布了《历史建筑保护名录》，对全市几百个历史建筑一一制定了详细的保护条款。这对完整地保护该市的历史风貌起到了重要的作用。

旧城改造的实际操作中，巴塞罗那采用"不动迁原住居民"的微循环开发模式。在大规划先行控制下，实施局部区域的有机改造，保留原有的道路网络，对旧居民房屋进行修缮改造。保留原住居民的生活习惯，政府先期进行基础设施和广场空间等市政设施投入，改善原住居民生活环境，激发老百姓对房屋自身修缮的积极性。在此基础上，再引入市场运作模式，对原有房屋进行修缮工作，提倡原住居民参与投资，明产权和经营权，从而获得政府、开发商、原居民的多方共赢。

巴塞罗那将需要保护的建筑分为A、B、C、D四个等级。A、B、C三个级别的建筑多为古罗马人的遗迹、哥特式建筑、上百年的教堂等，是绝对不能拆的，但可以被修缮甚至被再利用。

最值得一提的是巴塞罗那对D级建筑的保护，这些建筑并不具有文物保护的价值，但却是很多巴塞罗那人抹不去的记忆，它可能只是某条街道上老人儿时常去玩耍的小房子，或者年轻人经常去谈恋爱的一个墙角，同样它也不能随意被拆除。如果要拆除需要反复论证才可以，并留下详细的档案。对于老建筑，在修缮的时候，要求外墙是一定要保留，至于建筑内部结构是否要保留，需要通过讨论来决定。

巴塞罗那在整个运作模式上突破了固有的垂直体系，采用了一个新的横向机制，所有艺术家、建筑师、工程师、市政人员等组建一个团队，横向协作，从前期规划阶段就整体介入。在这种新的模式和理念的引导下，巴塞罗那成功完成了旧城改造，整个城市形成了一个大的人文景观，大大提升了城市的文化底蕴，并为巴塞罗那带来了巨大的旅游资源。

作为欧洲的历史文化名城，巴塞罗那在上世纪经历了快速的工业化、城市化及旧城改造，其成功的旧城改造模式被称为"巴塞罗那模式"——它提供了一个新城区扩张与老城区复兴相互映衬、共同发展的典范。

【点评】西方国家的旧城改造是在经历了工业化和城市化阶段之后，对城市经济功能的更新再造和城市精神文明的复兴延续，从而使得整个社会从宏观经济、社会环境、城市建设、城市形象到民计民生均走向良性的循环。相比之下，中国的旧城改造虽然也涉及物质改造、经济活动和文化延续，但由于其操作主要是开发商为主导、单个案例的应用，政府规划统筹、行政职能缺位。在中国，一个能提升整个社会生产力，使城市自我循环，多元化的"旧城改造"尚未形成，其价值再造的社会影响力更加有限。

生态词典 source habitat【源生境】支撑某个
种群净增长的生境。
systematics【系统学】研究生物系
统发生的学科。

土耳其伊斯坦布尔的城市生态学

　　土耳其首都伊斯坦布尔有8500年历史，拥有独一无二的文化传统与珍贵的自然资源。而它的最独特之处在于，将东西方文明融合在一起。从地理意义上说，伊斯坦布尔绝对是世界上最国际化的大都市。

　　在全球化进程下，所有国际大都市面对的最糟糕的问题就是，过度移民带来的过度发展导致无序的城市化。伊斯坦布尔政府因此成立"大都会计划中心"，聘请约500名学者、建筑师、城市设计师以及工程师，对城市的每个角落进行统一蓝图规划，终于结束了伊斯坦布尔60年来的无计划发展。

　　伊斯坦布尔政府很早以前就开始优先考虑对水资源的保护。比如通过建设微型管道废水收集及净化系统，伊斯坦布尔的废水治理率已达到97%；通过"先进生物治理"手段，城市水供应网络得到全面更新并确保提供饮用水至2060年。"再造金角湾"就是最显著的例子：伊斯坦布尔一共投入了3亿美元为金角湾治理污染，清除了500万立方米的泥沙，移置于18万平方米的垃圾填筑场，并将之变为绿地。同时花费2110万美元建造了一座长5000米的隧道，让海水以每天26万立方米的排放量从博斯普鲁斯海峡流入金角湾，以保持活水流动和生态多样性。

　　伊斯坦布尔还在新能源的使用上处于世界领先地位，比如对城市废物进行堆肥处理等产生能源；同时还使用风能与太阳能技术，用于交通系统摄像头、检测器及警报器的监控，并由此节约了87%的能耗。而面对全球暖化带来的挑战，伊斯坦布尔在过去8年间一共种植了111万棵树，建设了2000万平方米的城市绿地；加上城市97%人口开始使用天然气，城市每立方米的二氧化碳含量从1992年的219毫克降至如今的6毫克，伊斯坦布尔成为欧洲空气质量最好的城市之一。

伊斯坦布尔古城在1985年被列入世界遗产名录，伊斯坦布尔的历史文化城区每年都要接待无数的游客。为了保护城市中最古老的历史文化遗迹，伊斯坦布尔城市规划者正在尝试扩建数个新的城市中心区，泽奥陆生态城就是扩建计划的一部分。

泽奥陆生态城是一个集生活、工作和娱乐等功能为一体的城市社区，根据设计方案，泽奥陆生态城总建筑面积将达58850平方米，总计14座从8层到26层不等的大楼，包括有办公大楼、居民大楼、两座酒店、公寓及建在三层零售综合体上的度假式老龄公寓等。这些建筑可以用作住宅、办公室、宾馆等。这些建筑最具特色的地方就是它们的绿色外墙和绿色屋顶，整体看上去就像是一个个绿色的空间。

泽奥陆生态城设计方案由英国著名的生态建筑事务所卢埃林-戴维斯-耶安格建筑事务所创作。建筑师的设计理念是"城中城"，在遵守城市规划战略的前提下，增加城市中心的数量，从而缓解城市发展给伊斯坦布尔历史中心区带来的压力。这种城中城或许并不会马上就兴建，但这是一种未来的建筑设计理念，它有助于建设绿色城市、减少机动车使用率以及引入更多生态友好型建筑。

【点评】作为世界文化遗产，伊斯坦布尔古城致力于用可持续的保护政策维护历史遗迹及其生活环境。作为现代化大都市，伊斯坦布尔采用最前沿的城市规划，系统打造极具前瞻性的城市生态空间。古老与现代形成很好的融合，这对于诸多陷入现代城市发展迷途的古城，是一个可供参考的范本。

生态词典　**anthropophyte【伴人植物】**生长在与人接近的地方的植物。如人工草地的草类或路边的草。

ecological division【生态区划】为了合理利用区域资源，根据环境因子和资源类型的空间分布规律，从区域总体发展出发，将整个区域划分为不同的区划单位。

加拿大温哥华的"绿色街道"计划

　　"绿色街道"是加拿大温哥华推动社区菜园建设的十几个民间组织中的一个，它主要着眼于在温哥华的街道、交通线和十字路口附近"见缝插针"地实施绿化工程。但实施这项工程的主体不是政府，而是市民。该计划最初于1994年在温哥华欢喜山社区展开。随着试点项目的成功，全市其他社区纷纷加入其中，市民自主创意装点社区道路的热情空前高涨。

　　街心花坛是温哥华市政府在住宅街区设立的城市美化设施，其目的是提醒车辆降低车速，确保居民区和非机动车道的安全。花坛建成后，政府在每个花坛中树立绿、黄两种不同颜色的标识牌。绿色标识表示市民可对花坛进行资助并照看花坛中的植物，即成为"花坛园丁"；而黄色标识牌则表示该花坛已被他人资助和打理。

　　"花坛园丁"只需负责植被日常生长过程中的除草、浇水等简单性维护工作。城市园林设计师免费为每个花坛提供一套独特的设计方案。花坛首次播种耐干旱植被和全年常绿灌木所需的费用，也将由城市财政负担。

此外，政府每年分别在春季和秋季免费对花坛施肥两次。每年秋季，市政府还将邀请所有担任"花坛园丁"的志愿者参加"街心花坛聚会"，共同庆祝和表彰他们对这项城市美化计划作出的贡献。

在温哥华57号大街，有几片狭长的土地，它们被均匀地分割成小块。2008年，这块狭长的空间被开辟为社区菜园，供市民在这里种菜种花。如今，两千多个社区菜园形成了温哥华一道独特的城市风景。这道风景，由温哥华市民、民间组织和政府一起协作，共同打造，它以最美丽、动感的方式向世人展示市民参与绿色城市建设的成果。

除了非政府组织，温哥华市政府也做出了更加积极的举动。2009年3月4日，温哥华市市长格雷戈尔·罗伯逊宣布，市政府门前的一块草坪将用于建设社区菜园。如今，温哥华官网上将市政府门前的菜园设立为温哥华大力推广社区菜园建设的"标志"。

在一个名叫纳马依默的社区，当地政策将社区菜园和社会福利结合在一起——允许一些没有自己住房的租房客申请当地的社区菜园。因为社区曾做过调查，大部分租房客都希望有个菜园，所以政策制定者听从民意，实施了这一计划。

温哥华媒体报道称，这些租房客可以在社区提供的菜园里种植蔬菜，生产绿色食品，除了供应自己餐桌之外，多余的蔬菜还送到敬老院等公立社会服务机构，实现资源共享。这样做也更环保，因为自己生产了一部分蔬菜，就减少了购买的数量，从而在一定程度上降低了蔬菜从农田到城市的运输频率，间接实现了少开车的环保目标，也为二氧化碳等温室气体减排创造了条件。

为了达到更高的绿色环保指标，温哥华市还使用回收塑料材料铺设街道路面。温哥华市与多伦多Green Mantra机构联手，将旧塑料和沥青融合在一起，形成混合的路面铺设材料，这种材料比传统纯沥青材料对环境损害小，有益于环保。此外，混合材料比纯沥青材料熔点低，能减少燃料耗费，还能在铺设过程中减少排入空气中的蒸汽量。这一举措将每年减少300吨温室气体排放量。

作为加拿大西岸最大的港口城市，经过200多年的沉淀，温哥华在清洁能源、生物技术、数码娱乐、高等教育等方面成绩颇丰，多次获得"世界最宜居城市"称号。

温哥华推行的"2020年全面建设成为全球最绿之都"的行动规划，不久前获得"广州国际城市创新奖"，这向世人证明了"一个城市可以发展、繁荣，同时也可以成为绿色之都"。

【点评】"绿色街道"计划充分考虑了市民出行的需求，从而形成具有生态通廊作用的绿色空间系统。温哥华的智慧还让人认识到，市民是城市公共设施的最终使用者，是这个城市真正的主人。温哥华市政府决定将政府大楼前的草地开辟为菜园，正是这种市民参与的典型示范，体现了民众与政府的和谐互动。

cultural ecology【人文生态学】研究自然与人类社会文化之间的相互关系的学科。

environmental monitoring【环境监测】运用化学、生物学、物理学和医学等方法，对环境中污染物的性质、数量、影响范围及其后果进行调查和测定。

古城保护的丽江实践

　　远离喧嚣的滇西北小城丽江古城，1997年12月4日被联合国教科文组织列入世界文化遗产名录，为中国在世界文化遗产中无历史名城填补了空白。不少专家认为，丽江古城最吸引人的地方就在于，它是一座活生生的城市，而非仅供展示的宫殿或博物馆。古城内鳞次栉比，依然保持着明清建筑特色的瓦屋楼房是近3万纳西人的家园。小桥、流水、人家构成了丽江古城的精髓。丽江古城在世界遗产保护管理领域创立了科学、实用、可供世界遗产地共享的遗产保护管理经验，同时也为丽江古城的可持续发展奠定了坚实的基础。

　　城市类型的遗产保护管理是全世界面临的共同难题。丽江古城是以完整古城，以常民生态空间形式列入世界遗产名录的，它不同于历史遗迹、博物馆、封闭式城堡等文化遗产。至今，丽江古城内仍然有6000多户、25000多居民生活其间，是一个四通八达、开放式的城市，是一个随着历史的发展轨迹受到现代文明和强势文化的冲击而会发生建筑风格、建筑形态、生产方式、生活观念等有形遗产和无形遗产变化的，非常脆弱的文化遗产，保护管理的难度也异常艰巨。

其实，人们对丽江古城的保护意识由来已久。1951年以后，当地的机关、部队及企事业单位都设于古城内，使古城在历史变迁中得以较好地保存。此后，随着公路的开通，古城内的机关单位感到工作不便陆续迁出古城，开始建新区。1958年当地政府第一个丽江县城总体规划提出了"保存古城，发展新城"的思路，丽江古城的保护更进一步。

针对丽江古城的实际，丽江市开展了科学技术课题研究，并在此基础上制定实施了《世界文化遗产丽江古城管理规划》、《世界文化遗产丽江古城传统商业文化保护管理专项规划》及《丽江古城传统民居保护维修手册》等规划，对丽江古城每一个片区的完整性保护、每一处院落的原真性修缮、每一项工程的保护性建设都起到了重要的指导作用。

目前，丽江古城内有140多个宅院被政府列为重点保护民居，严禁破坏、拆迁。对于大量普通民居，以古城管委会制定的《丽江纳西民居修缮指导手册》为修复标准，工匠基本上是擅长建造土木结构传统民居的当地纳西族或白族艺人，丽江古城民居得以保存自己独特的风格。

为了不间断为遗产地居民提供支持，加强与遗产地利益相关者之间的合作，使丽江古城传统民居得以妥善维护，丽江与美国全球遗产基金会于2002年共同签署《丽江古城传统民居修复协议》，并从2003年开始，双方共同出资，按照《丽江古城传统民居保护维修手册》要求，分期分批对丽江古城内的传统民居进行补助修缮。2007年8月，在联合国教科文组织亚太地区曼谷会议上，该项目荣获"联合国教科文组织亚太地区2007年遗产保护优秀奖"。

随着时代的变迁与进步，现代文明与现代生活方式的强烈冲击，丽江古城传统文化形态的构成要素，如人口结构、民族语言、民族文化，乃至生产生活方式都在逐渐被外来文化同化或异化，丽江古城非物质文化遗产真实性保护面临更大的困难与挑战。保存完好的地方民族特色是丽江古城非物质文化价值的重要元素。丽江通过采取便民措施和实施惠民政策，使古城广大原住居民自觉承担起了保护、保留、传承民族文化的重任，并投入资金，用于丽江古城传统民族文化的挖掘、整理、传承和展示等保护工作，加强对东巴文化、纳西古乐、民间工艺、传统服饰、节庆习俗的收集、整理、保护、传承。

依法保护世界遗产带动旅游业，以旅游发展反哺遗产保护。这样的实践，创造了世界遗产保护与旅游业协调发展的典范，业内称之为"丽江模式"。

【点评】丽江古城因保存浓郁的地方民族特色与自然优美的典型具有特殊的价值被列入世界文化遗产，并把传统民居建筑形态引入城市建设，确立了丽江特色城市的坐标。丽江在旅游开发过程中，注重保护文化的原生性和完整性，形成了文化保护和旅游开发的"丽江模式"，是旅游文化资源开发和管理的典范。

生态词典 **Bus Rapid Transit【快速公交系统】**简称BRT，是一种介于快速轨道交通（Rapid Rail Transit，简称RRT）与常规公交（Normal Bus Transit，简称NBT）之间的新型公共客运系统。

eco-traffic【生态交通】按照生态原理规划、建设和管理的，资源能源消耗低、污染排放少、与环境相协调的交通体系，是社会生态文明的重要组成部分。

巴西库里提巴的BRT经验

提到环保城市，我们往往都会想到西欧、北欧国家，不过，位于巴西的库里提巴，早在1990年，就被联合国授予"巴西生态之都"和"世界三大生活质量最佳的城市之一"的称号，库里提巴也是全球第一批被联合国列为"最适宜居住的五大城市"之一。

库里提巴的宜居秘密源自它的快速公交系统（BRT），城市中一旦拥有方便快捷的公共运输，就能减少家用车的数量。库里提巴发展出一套既特别又有效的公车系统，以一条环状路线连接其他线，让整个交通网更加便捷。有了四通八达的交通网，自然而然会减少开车次数，即使在尖峰时期，交通也格外畅通。库里提巴被誉为全世界公共汽车快速交通技术应用的最成功的城市，其独特的一体化快速公交网BRT为世人瞩目，成为全球城市公交服务的典范。库里提巴，这座将BRT引入美国的城市，通过建立

BRT系统只用相当于建造轻轨所需费用的一小部分就彻底改变了人们出行和城市发展的水平。

多年来，全球各大城市都在努力探寻如何以低投入提高交通服务的水平。最顽固的铁路支持者以外几乎所有人都认为，只有在高密度的交通走廊，公交才是一种低廉的交通模式。同时，最忠实的公交支持者以外所有人都承认，传统的公交缺乏轨道所具备的对机动车乘客的吸引力。BRT是介于传统的轨道模式与公交模式之间的"第三种方式"，甚至可以说是二者的桥梁。它为城市规划者提高交通服务水平提供了一种更经济快捷的方法，并通过这种有趣的方式为最终建设轻轨系统奠定基础。

1974年，第一个BRT系统在巴西的库里提巴出现。对于一个以公共汽车为主的城市，而且不能承受地下铁系统的费用的情况下，这个BRT系统是极其适用和创新的方案。库里提巴安装了一个相当快捷、频繁的交通线路网，它以高站台、筒状车站为骨干，与传统的半保留公交车道上的地方公交和快速公交一起组成了一个公交系统。库里提巴市一体化公交网包括快速线路、直达线路、小区线路和输送线（把各小站的乘客集中输送到网内）以及枢纽站，全网长1100公里，91条线路，2220辆车，4万车次/天，每天运送210万人次。城市规划、道路规划与BRT规划同步进行。库里提巴在规划方面走了一条与传统方式完全不同的道路，上世纪六十年代中期，库里提巴还是只有几十万人口的小城市，就规划了以城市中心向外辐射的5条发展轴线，其中4条轴线规划了BRT系统，并根据BRT系统的客运能力和中心站点的设置，规划了沿轴线分布的居住小区和商业街区，形成了以城市发展轴线为主干、以沿途许多BRT中心站点为圆心的类似"糖葫芦"型的城市规划。

BRT系统所带来的效应现在已成为传奇：70%多的交通分流。而且它还有助于组织城市规划，促进业务中心区的经济活动。BRT对减少城市空气污染也具有重要作用，作为一种重要的公共交通方式，BRT可以减少机动车的大量使用，从而减少污染物和温室气体的排放。与此同时，BRT的建设成本为每公里100万~1500万美元，比建设轨道交通系统每公里5000万

~2亿美元的成本更低。

BRT的建设对城市发展起到了重要作用。作为一体化公交系统的重要组成部分，缓解少数交通走廊交通压力，与轨道交通、常规公交等架构整个城市的公共交通体系；引导新的客流增长方向、引导土地利用，以形成新的城市格局；由于城市政府财政压力，作为轨道交通的外围延线或过渡阶段，或者高速公路的代建形式；改善城市环境，实现旧城保护等。中国的北京、杭州、济南、广州等多个城市目前已经相继建立了BRT系统。

【点评】BRT作为一种新型交通模式，具有路权公平、公交优先、环境保护、资源节约的优势。我国正处于工业化、城镇化进程快速发展时期，城市人口、城市规模、城市车辆迅速增长，交通压力日趋加大。这就给我们提出了一个严峻的课题——城市的交通问题应如何解决。优先发展城市公共交通是缓解城市交通拥堵的根本战略举措。我国需要发展大容量、高效率的公共交通，实施公交优先政策，而不是发展个体交通，要发展运输效率比较高的交通方式。

生态工业

SHENG TAI GONG YE

eco-industry park【生态工业园】
建立在一块固定地域上的由制造企业和服务企业形成的企业社区。在该社区内，各成员单位通过共同管理环境事宜和经济事宜来获取更大的环境效益、经济效益和社会效益。

coupling relationship【耦合关系】某两个事物之间如果存在一种相互作用、相互影响的关系，那么这种关系就称"耦合关系"。

生态工业园建设的丹麦卡伦堡模式

丹麦是开展循环经济实践最早的国家之一。著名的卡伦堡生态工业园早在上世纪六十年代末就粗具雏形，历经30多年的发展，规模和影响力不断扩大，已经成为其他国家发展循环经济、实施区域循环经济的传统典范。它也为未来工业发展展示了一种可能。

卡伦堡是一个仅有两万居民的小工业城市。最初，这里建造了一座火力发电厂和一座炼油厂，数年之后，卡伦堡的主要企业开始相互间交换"废料"——蒸汽、水以及各种副产品，逐渐自发地创造了一种"工业共生体系"，成为生态工业园的早期雏形。卡伦堡生态工业园是世界上最早和目前国际上运行最为成功的生态工业园，截止到2000年已有五家大企业与十余家小型企业通过废物联系在一起，形成一个举世瞩目的工业共生系统。

卡伦堡模式的基本特征是：按照工业生态学的原理，通过企业间的物质集成、能量集成和信息集成，形成产业间的代谢和共生耦合关系，使一家工厂的废气、废水、废渣、废热成为另一家工厂的原料和能源，建立工业生态园区。该工业园区的主体企业是电厂、炼油厂、制药厂和石膏板生产厂，以这4个企业为核心，通过贸易方式利用对方生产过程中产生的废弃物或副产品，作为自己生产中的原料，建立工业横生和代谢生态链关系。由于进行了合理的链接，能源和副产品在这些企业中得以多级重复利用：发电厂建造了一个25万立方米的回用水塘，回用自己的废水，同时收集地表径流，减少了60%的用水量。自1987年起，炼油厂的废水经过生物净化处理，通过管道向发电厂输送，作为发电厂冷却发电机组的冷却水。发电厂产生的蒸汽供给炼油厂和制药厂，同时，发电厂也把蒸汽出售给石膏厂和市政府，它甚至还给一家养殖场提供热水。发电厂一年产生的七万吨飞灰，被水泥厂用来生产水泥。卡伦堡工业园区通过循环模式的实践，使得工业污染降低了，水污染减少了，浪费减少了，但利润却得到了提高，形成了经济发展和环境保护的良性循环。

卡伦堡生态工业园的形成和成功运行是有其特定条件和历史背景的。首先，公众对于可持续发展理念的高度认同、接受和实行是卡伦堡园区内企业走上循环经济道路的基本条件。丹麦是世界上首先设立环境部的国家之一，关于建设资源节约型和环境保护型社会，实施循环经济的法律体系建立较早，而且完善。以《环境保护法》为中心，建立了《水资源法》《工业空气污染控制指南》《废弃物处理法》和《海洋环境法》等一系列法规，使得企业的发展只能沿着节约资源、保护环境和循环经济的道路前进。

其次，企业是实施循环经济的主体。卡伦堡生态工业园不是政府组织的，也不是政府让企业组织的，它是企业自发自愿组织的，是一个企业的共生联合体，目前有其他企业申请加入，由于废物利用未达标而未被共生体企业委员会批准。自愿参与有两个同等重要的前提，一是获得经济利益，二是遵守国家法律，二者缺一不可。卡伦堡地区缺水，政府没有组织从外流域调水，最经济的办法就是把水循环利用，这是企业经济利益所要求的。法律规定废弃物达标排放，治理达标还不如给别人，如果一家废物正好是另一家的原料，这样就两厢情愿，互利共赢。实际上任何一种废物都是原料，只是把它在错误的时间，以错误的数量放到了错误的地方。这个基本事实就是循环经济存在的基础。

在卡伦堡生态工业园中，政府的作用就是严格执法，没有政府的严格执法，排污就不用达标，因此也就不用给污染物找出路，也就不会有生态共生园的形成。

【点评】卡伦堡是目前世界上工业生态系统运行最为典型的代表，它是在具体制度安排下，在卡伦堡地区特定的资源背景下，在特定的企业技术经济关系下形成的以闭环物质流为特征的循环经济发展模式，为世界循环经济发展提供了一个良好的发展范式，也为我国循环经济的发展，尤其是循环经济工业园的建设提供了良好的经验与借鉴。

生态词典 **Duales System Deutschland【双轨制回收系统】**一个专门组织对包装废弃物进行回收利用的非政府组织。它接受企业的委托，组织收运者对他们的包装废弃物进行回收和分类，然后送至相应的资源再利用厂家进行循环利用，能直接回用的包装废弃物则送返制造商。

vein industry【静脉产业】垃圾回收和再资源化利用的产业，又被称为"静脉经济"。

德国推行双轨制回收系统

　　循环经济已经在国际社会形成一股潮流和趋势，并在一些工业发达国家取得了一些成功的经验。这些工业发达国家正在把发展循环经济、建立再循环社会看做是实施可持续发展战略的重要途径和实现方式。

　　发达国家非常重视废旧物资的回收利用，建立了有效的废旧物资回收利用体系，实现了资源的可持续利用。比较成功的是德国和日本。

　　德国分别于1991年和1996年颁布了《包装废弃物处理法》和《循环经济和废物管理法》，规定对废物管理首先是避免产生，然后循环使用和最终处置。成立了一个专门对包装废弃物回收的非政府组织，称之为双轨制回收系统（DSD），该系统的建立大大促进了德国包装废弃物的回收利用，玻璃、塑料、纸箱等回收利用率达到了86%以上。

　　德国的双轨制回收系统接受企业的委托，组织收运者对他们的包装废弃物进行回收和分类，然后送至相应的资源再利用厂家进行循环利用，能直接回用的包装废弃物则送返制造商。

双轨制回收系统的成立完全是为了应对德国政府颁布的《废弃物分类包装条例》，该条例对各种材质的包装物的最低回收率作出了明确的规定，违者罚款。有两种思路可以满足该条例的规定，一个是向所有包装物征税，但所收税款很难保证被全部用到废品回收上来，于是双轨制回收系统采用另一种思路，由包装的生产者和使用者单独缴纳一笔费用，成立一家公司，专门负责垃圾回收。这个思路的中心思想就是生产者责任制，谁生产谁负责，这样就保证了专款专用，减少了浪费。

双轨制回收系统成立之初，一共有95家包装材料生产企业、灌装企业和零售企业加入进来。每家企业按照生产量和材料性质缴纳一定的处理费用给DSD，由后者负责建立收购网点和渠道，并将收上来的废弃包装物进行重复利用。凡是交了钱的企业都可以在自己的产品上印一个由一绿一黄两个箭头组成的绿点标记，表示自己已经缴纳了回收的费用，老百姓可以放心购买。消费者在使用完这件商品后，便可将带有绿点标记的废弃包装丢进专门的垃圾袋内，方便回收。

德国的垃圾箱有很多种，分别使用不同的颜色：绿色的是生物垃圾，比如落叶或树枝等等；黑色是剩菜剩饭之类的生活垃圾，老百姓倾倒这种垃圾是要收费的；黄色是绿点垃圾，专门放置废弃包装物，不收费，所以老百姓一定会想办法少倒黑色垃圾，多倒黄色垃圾。

双轨制回收系统之所以能够成功，关键是两种收费制度的建立。生产企业完不成回收指标要收费，老百姓倾倒未加分类的生活垃圾也要收费。这两种收费制度都是由政府制定并强制执行的，这一做法在德国创造出了一个全新的垃圾回收产业。

德国联邦环境、自然资源及核安全部提供的统计数据显示，自从双轨制回收系统实施以来，仅在德国就多回收了超过8000万吨的包装废弃物，垃圾的回收率从1990年的13%跃升为2008年的55%，也就是说目前德国有一半以上的垃圾都被回收再利用了。

垃圾的回收再利用，除了减少碳排放之外，更重要的原因是节约了工业原材料，这对于原材料一向短缺的德国来说是一笔重要的财富。垃圾回收再生得来的叫做二级原料，它们的直接竞争对手就是天然原料，后者的质量和纯度要好于前者，这就要求二级原料在价格上必须有很强的竞争力才行。双轨制回收系统所做的一切，都是为了提高二级原料的市场竞争力，利用经济杠杆的力量来提高垃圾的回收率。同样，德国政府制定的所有垃圾政策，其目的也都是为了尽可能地给废品再生系统提供方便，好让他们降低垃圾的价格，向垃圾再生工厂让利。

　　目前，已有6万家德国的包装材料和使用厂家加入了双轨制回收系统，超过90%的商品外包装印上了绿点标记。目前该系统已经走出了德国，仅在欧洲就有23个国家加入了绿点计划，涉及的公司总数超过13万家，印有绿点标记的包装物总数超过了4600亿个。

　　【点评】从社会整体循环的角度，大力发展资源回收产业（日本称为社会静脉产业），在整个社会的范围内形成"自然资源—产品—再生资源"的循环经济环路，是未来的趋势。在这方面，德国DSD双轨制回收系统起了很好的示范作用。

生态词典　　ecological industry【生态工业】运用生态规律、经济规律和系统工程的方法经营和管理的一种综合工业发展模式。

ecological design【生态设计】也称绿色设计或生命周期设计或环境设计，是指将环境因素纳入设计之中，从而帮助确定设计的决策方向。

德国旧工业区改造的彼得·拉茨标签

彼得·拉茨是德国当代著名的景观设计师，他用生态主义的思想和特有的艺术语言进行景观设计，在当今景观设计领域产生了广泛的影响。

20世纪90年代，曾经是德国最重要工业基地的鲁尔区，进行了一项对欧洲乃至世界上都产生重大影响的项目——国际建筑展埃姆舍公园。它的最大特色是巧妙地将旧有的工业区改建成公众休闲、娱乐的场所，并且尽可能地保留了原有的工业设施，同时又创造了独特的工业景观。这项环境与生态的整治工程，解决了这一地区由于产业的衰落带来的就业、居住等诸多方面的难题，从而赋予旧的工业基地以新的生机，这一意义深远的实践，为世界上其他旧工业区的改造树立了典范。由彼得·拉茨设计的杜伊斯堡风景公园是其中最引人注目的公园之一。

埃姆舍河地区原为德国重要的工业基地，经过150年的工业发展，这一地区形成了以矿山开采及钢铁制造业为主要产业的工业区。纵横交错的铁路、公路、运河、高压输电线、矿山机械、高大的烟囱、堆料场等成为地区的典型景观。自上世纪60年代以来，作为主要工业的煤矿和铁矿开采，渐渐衰落、倒闭，大量质量很好的建筑也不再使用。经济和环境的危机促使当地政府为地区的复兴采取有效措施，即建造国际建筑展埃姆舍公园，主要内容包括：埃姆舍河及其支流的生态再生工程，净化区域中被污染的河水，恢复河流两侧的景观；建造埃姆舍公园，改善地区的生态环境；改造现有住宅，并兴建新住宅，解决居住问题；建造各类商务中心，解决就业问题；原有工业建筑的整治及重新使用等。这些项目多与风景园林相关，世界上许多最著名的建筑师、景观设计师都参与了项目中一些建筑与环境的规划与设计。

由于整个地区被大量的高速公路，铁路、轻轨、污水排水渠、高压线等分隔，埃姆舍公园的规划非常复杂。当地政府希望通过这个方案使该地区成为居住和办公区，并有就近休息的绿地，景观必须是生态的、功能的、美观的，工业的痕迹要看得出来，要有休憩和运动场。

处于核心地位的埃姆舍公园，把这片广大的区域中的城市、工厂及其他单独的部分联系起来，同时为整个区域建立起新的城市建筑及景观上的秩序，成为周围城市群及250万居民的绿肺，园中有人行小径和自行车道系统。在埃姆舍公园中，又包括了众多景观独特的公园，杜伊斯堡风景公园是其中之一。

杜伊斯堡风景公园是彼得·拉茨的代表作品之一，公园坐落于杜伊斯堡市北部，这里曾经是有百年历史的A.G.Tyssen钢铁厂，尽管这座钢铁厂历史上曾辉煌一时，但它却无法抗拒产业的衰落，于1985年关闭了，无数的老工业厂房和构筑物很快淹没于野草之中。1989年，政府决定将工厂改造为公园，成为埃姆舍公园的组成部分。彼得·拉茨的事务所赢得了国际竞赛的一等奖，并承担设计任务。从1990起，彼得·拉茨与夫人——景观设计师A·拉茨领导的小组开始规划设计工作。经过努力，1994年公园部分建成开放。

彼得·拉茨尽可能地保留了原有的构筑物，甚至是矿渣，将现有的混乱公园整合为新的景观。在收集了所有可利用的元素和信息后，彼得·拉茨将它们归类到互不干扰的系统，依照高度的不同划分，形成了水系、道路、高架步行道和景观斑块，使它们各成系统，尽量减少人工干预，保留有用的信息和要素。

彼得·拉茨的另一重要作品是位于萨尔布吕肯市的港口岛公园，在那里拉茨也是用生态的思想，对废弃的材料进行再利用，处理这块遭到重创而衰退的地区。1985至1989年间，在布吕肯市的萨尔河畔，一处以前用作煤炭运输码头的场地上，拉茨规划建造了对当时德国城市公园普遍采用的风景式的园林形式的设计手法进行挑战的公园——港口岛公园。原有码头上重要的遗迹均得到保留，工业的废墟，如建筑、仓库、高架铁路等等都经过处理，得到很好的利用。公园同样考虑了生态的因素，相当一部分建筑材料利用了战争中留下的碎石瓦砾，并成为花园的不可分割的组成部分，它们与各种植物交融在一起。园中的地表水被收集，通过一系列净化处理后得到循环利用。新建的部分多以红砖构筑，与原有瓦砾形成鲜明对比，具有很强的识别性。在这里，参观者可以看到属于过去的和现在的不同地段，纯花园的景色和艺术构筑物巧妙地交织在一起。

彼得·拉茨反对用以前那种田园牧歌式的园林形式来描绘自然的设计思想，而是将注意力转到日常生活中自然的价值，认为自然是要改善日常生活，而不只是仅为改变一块土地的贫瘠与荒凉。

【点评】在城市型社会中，技术与自然的培养是相对立的。而在生态型或可持续发展主导的社会中，自然和技术的地位是相近的，有时甚至是相同的。彼得·拉茨的理念充分体现了生态恢复和生态学知识的运用。

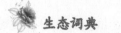

生态词典

industrial heritage【工业遗产】工业活动所造建筑与结构、此类建筑与结构中所含工艺和工具以及这类建筑与结构所处城镇与景观以及其所有其他物质和非物质表现。

mining heritage【矿业遗迹】矿业开发过程中遗留下来的踪迹和与采矿活动相关的实物。

德国鲁尔区的工业遗产旅游开发之路

德国鲁尔区是中学地理课本的内容之一，被写进"传统工业区"，同时也被特别地列为衰退的工业区行列。鲁尔区工业发展已有200多年的历史，素有"德国工业引擎"之称。得益于19世纪上半叶开始的大规模煤矿开采和钢铁生产，鲁尔区成为世界上最著名的重工业区。进入20世纪中期，由于廉价石油的竞争，鲁尔区传统的采煤和钢铁工业开始走向衰落，逆工业化趋势愈加明显，沦为德国西部问题最多、失业率最高的地区。针对这种状况，德国政府采取了一系列措施推动鲁尔区复兴。在鲁尔区经济转型的各项对策中，工业遗产旅游在物化地区历史发展进程、彰显工业文化特质、塑造独特地区形象等方面发挥了不可替代的作用。2010年，鲁尔区被欧盟选为"欧洲文化首都"，实现了从没落工业区向现代文化都市的华丽转身。

开发工业遗产旅游使鲁尔区成功地实现了经济转型，并使该地区的经济得以恢复和发展。依托产业建筑开发工业旅游在改善区域功能和形象上发挥了独特的效应，成为鲁尔区经济转型的关键。鲁尔区工业遗产旅游开发的真正标志是"工业遗产旅游之路"的策划，这一策划使鲁尔区的工业遗产旅游，从零星景点的独立开发，走向了一个区域性旅游目的地的战略开发。

在西方，遗产旅游是一个非常普遍的说法，其含义与我国的历史文化和文物古迹的旅游观光相当。因此，工业遗产旅游在西方通常被当作流行的、广义的文化遗产旅游的一类。

工业遗产旅游概念的形成和接受过程，在德国经历了多年的怀疑和犹豫，当人们开始思考对工业废弃地和工业空置建筑的处理、再利用时，总是在最后一刻才意识到旅游开发的价值和用途。鲁尔区的这个过程长达10多年之久，这一过程大致分成4个阶段：否定与排斥阶段，在这一时期，鲁尔区的人们主要进行以清除旧工厂为主的更新和改造实践；迷茫阶段，虽然人们对新建设充满希望，的确有些新产业在清理过了的原来的工业废弃地上得到了发展，但仍然还有大量的工业废弃地等待处理，原有的办法并不能填满和置换所有的工业废弃地，而彻底清除工业废弃地也是一个成本高昂的工程，甚至还需要有特别的技术方案；谨慎尝试阶段，人们在别无他法的情况下，开始将一些部分尚未清除的旧厂房和工业废弃设施，开辟为休闲和其他用途，工业废弃地的再开发以及旅游开发得到了谨慎、零星和初步的发展；战略化阶段，"工业遗产旅游之路"的策划出炉，使鲁尔区的工业遗产旅游，从零星景点的独立开发，走向了一个区域性的旅游目的地的战略开发。

鲁尔区工业遗产旅游采用的是区域一体化开发模式，统一旅游线路、统一旅游视觉识别符号、统一旅游宣传册设计，还建立了专门网站。从1998年开始，鲁尔区制定了一条区域性工业遗产旅游线路，将全区主要工业遗产旅游景点整合为著名的"工业遗产旅游之路"，其中包含了19个工业遗产旅游景点、6个国家级工业技术和社会史博物馆、12个典型的工业聚落，以及9个利用废弃的工业设施改造而成的瞭望塔。这条"工业文化之路"如同一部煤矿、炼焦工业发展的"教科书"，带领人们游历鲁尔区悠久的工业发展历史。

德国鲁尔区从废弃的空置厂房到工业专题博物馆，再发展到今天的工业遗产旅游景点，相当程度上得益于一个多目标的区域综合整治规划。鲁尔区的工业遗产旅游开发的一体化特征，还特别表现在区域性的旅游线路、市场的营销与推广、景点规划与组合等方面。这种区域一体化的开发模式，使鲁尔区在工业遗产旅游方面树立了一个统一的区域形象。

当站在高高的瞭望塔上，你难以想象这满目绿色的鲁尔区，在几十年前还是一幅浓烟滚滚的污染景象，虽然煤矿井架、烟囱和高炉仍然是鲁尔区最为典型的城市景观，但这些昔日的"钢铁巨人"都静谧地深深地掩映在大片的绿色海洋之中。今天的鲁尔区已经成为由巨大的绿色公园网络和丰富的文化、医疗及其他现代设施网络联系起来的城市聚集体。

【点评】开发利用工业废弃设施的历史价值，将工业废弃设施视为工业文化遗产，并和旅游开发相结合的工业遗产旅游，目前正成为世界上许多国家和企业打造品牌形象的一个重要手段。透过鲁尔的例子可以看出，我国发展工业旅游，不应该只看到那些正在生产和经营的工业企业，更应重视发展工业遗产旅游。伴随着我国经济结构调整和发展战略转型，许多退出经营领域的工厂、矿区成了有开发潜力的工业遗址资源。

生态词典　　　**circular economy【循环经济】**是指在人、自然资源和科学技术的大系统内，在资源投入、企业生产、产品消费及其废弃的全过程中，把传统的依赖资源消耗的线形增长的经济，转变为依靠生态型资源循环来发展的经济。

recycle【再利用】将废物直接作为产品或者经修复、翻新、再制造后继续作为产品使用，或者将废物的全部或者部分作为其他产品的部件予以使用。

日本北九州生态工业园的循环经济构想

日本生态工业园区是以建设资源循环型社会为目标，在发挥地区产业优势的基础上，大力培育和引进环保产业，严格控制废物排放，强化循环再生。日本从1997年就开始规划和建设生态工业园区，并把它作为建设循环型社会的重要举措。北九州生态工业园是其中做得较好的一个生态工业园区，其定义为：充分利用作为工业城市积累起来的技术和人才、工业基础设施，以及企业、研究机构、政府、市民建立的网络，将"产业振兴"和"环境保护"两大政策有机结合在一起，实施独具特色的地区政策的工业园区。

北九州市曾经是日本重型工业最重要的一个基地，曾经以钢铁和制造业为主。钢铁产业为北九州的发展和繁荣作出了很大的贡献，但是也带来了严重的污染问题。20世纪90年代末，日本政府针对面临的严峻的资源与环境问题，提出了建立循环经济的构想。2000年，日本把建立循环型社会提升为基本国策，将该年定为"循环型社会元年"，并颁布和实施了《循环型社会形成推动基本法》等6部法律，采取了一系列行动措施，标志着日本进入了推进循环经济、建立循环型社会的全面发展阶段。

以解决现实环境问题和有效利用资源为出发点，建立废弃物再生利用行业的生态工业园，是日本建立循环型社会的重点领域和切入点，也是日本为发展循环型社会树立的典型示范。日本从1997年就在"零排放工业园"的基础上，开始规划和建设生态工业园区，并把它作为建设循环型社会的重要举措。

北九州生态工业园项目创建于1997年，项目创建的基本理念就是"零排放"，即将生活及工业垃圾用作其他行业的原料。项目位于北九州西北部响滩区的一个大型垃圾填埋场。项目的具体内容，是以现在的响滩地区为中心，集中开展家电、汽车、塑料瓶等各种物品的再利用项目；充分利用市内工业基础设施，互相合作，从地方城市的角度出发，努力实现"环境联合企业"的设想，促进市内整个产业界的环保活动等。按照规划，生态城项目分两期建设，一期包括三个区：综合环境产业区、应用研究区和循环区。

综合环境产业区是整个生态城的核心部分，它的任务是在海岸附近的响滩建一些可以进行废弃物循环利用的工厂，创建一个废弃物及能源循环系统。综合环境产业区有一个最大的特点，即北九州最活跃的大公司都是生态城项目的主要资助者，换句话说，该生态城的循环企业与北九州现有的制造业有着紧密的联系。

应用研究区是生态城的第二大支柱。该区会聚了数家从事循环和废弃物处理的研究机构，在此落户的机构与居民区保持着一定的距离，这样便于进行废弃物处理和其他方面的研究。生态城的第三个支柱是循环区。该区的目的是创建一些中小型废弃物处理公司，以获得最有效的循环，鼓励更多的与资源循环有关的投资企业投资。综合环境工业区的循环活动需要从更广泛的渠道收集废弃物，而循环区则不同，它的循环主要靠本区资源，循环对象是就近产出的废弃物。北九州生态工业园汇集了众多废旧工业产品再循环处理厂，如：塑料饮料瓶再循环厂、办公机器再循环厂、建筑混合废物再循环厂、汽车再循环厂、家电再循环厂、荧光灯管再循环厂、医疗器具再循环厂、老虎机台再循环厂、打印机颜料墨盒再使用厂、饮料容器再循环厂、废木材与废塑料再循环厂等。园区通过复合核心设施，对企业排出的以残渣、汽车的碎片为主的工业废料进行合理处理。处理过程中将熔融物质再资源化，同时利用焚烧产生的热能进行发电。

在北九州生态工业园，产业实现了资源循环，因而减少了废弃物的排量，大大减轻了环境污染。当年的北九州市，曾因烟囱排出各色烟雾而获得了"七色烟"的绰号，如今则在全日本的评选中入选"星空之城"。

【点评】发展循环经济是我国落实科学发展观、走新型工业化道路的重要保证。从1960年世界"环境公害城市"到目前亚洲国际资源循环示范基地城市，日本北九州市，将"产业振兴"与"环境保护"进行统合，以环保开拓经济，实施"产业环境化、环境产业化"战略，探索让城市进入循环，构筑循环型社会的"北九州模式"和北九州产业转型的经验，对试图通过产业政策缩短产业演进过程的国家，具有极其重要的借鉴意义。

生态词典　　garbage classification【垃圾分类】

将垃圾分门别类地投放，并通过分类地清运和回收使之重新变成资源。

green car【新能源汽车】指除汽油、柴油发动机之外所有其他能源汽车。包括混合动力汽车、纯电动汽车、天然气汽车、燃料电池汽车、氢能源动力汽车和太阳能汽车等，废气排放比较低。

日本尼桑企业循环经济实践

尼桑汽车公司是日本第二大汽车制造厂家，于1933年在神奈川县横滨市创立，目前，拥有包括日本在内的分布于全球20个国家与地区的生产基地，为160多个国家与地区提供商品及相关服务。尼桑以"丰富人们的生活"为公司愿景，除了通过提供产品服务来创造价值，还希望通过全球的所有事业活动，为公司的持续发展作出贡献。而其中在保护地球环境这一块，尤为值得我们借鉴。

"人、车、自然共生"是尼桑公司所描绘的理想社会蓝图。尼桑一直努力实现着1992年发布的环境理念，深知汽车或企业活动给地球环境带来的负荷，因此也一直在努力地解决这些问题。为了给地球未来尽可能减少痕迹，尼桑将在企业活动或车辆的整个寿命中，将环境负荷或资源利用控制在自然可吸收的水平之内作为企业的终极目标。

尼桑公司作为一家车企，一直体现着环境保护的理念。传统的经济模式是从资源到产品再到治理，以企业利润最大化为根本目标，而对于出现的环境问题，只是在出现的时候治理，是一种事后效应。而要真正去做好循环经济，不能只是当问题出现时再着手处理，需要的是一种事前的规划。尼桑公司将环境保护作为其终极目标，并将这种思想一直贯穿在计划、产品开发、产品生产、销售、回收利用整个过程中。从车型的设计、生产中废弃物的排放等等一直到尼桑公司参与的社会层面的环境保护工作，可以说尼桑公司将环保从自身的企业层面扩展到了社会层面。这种理念是根本，只有有了这种理念的支撑，企业才能真正地做好循环经济，保护我们的环境。

在开发阶段，尼桑公司运用可回收性设计，包括运用可回收材料的选用以及开发便于回收的结构。从大的车型到小的一个零件结构，尼桑公司都很注重循环经济。在材料的选用上，尼桑公司在很多结构设计上，都选用的是可回收材料，同时细化到很小的零件上。例如，仪表盘运用的是单一的PP材料，便于回收利用。在设计上，我们可以看到尼桑公司设计的很多汽车是方形的，而在中国市场上很难看到这样的设计。方形的汽车首先有着比普通汽车大的空间，同时，利于回收。尼桑公司的可回收性设计汽车，循环利用率可达95%之高。对比现在我们周围的企业，很多时候我们会分清主次，在大体上进行循环，而忘记了小到一个零件的设计及材料，也可以对环境保护作出重大贡献。

在日本，垃圾废弃物的分类一直是其亮点。无论是家庭的垃圾还是企业的废弃物，都实行对其进行分类回收。尼桑公司倡导着"混在一起是垃圾，分开就是资源"的理念，建立了车间分类回收的典型流程。从休息场所的分类（生活垃圾）与装配线上的分类（工程垃圾），将分好类的垃圾通过专用搬运台车运到资源站，最后再运到公司以外的回收点。通过对废弃物的分类回收处理，尼桑公司将其资源化率从1990年的71%提高到了现在的100%完成。

尼桑公司作为一家大型车企，不仅在生产制造汽车的过程中贯穿着保护环境的理念，同时也积极组织参加着环境保护工作。尼桑汽车代理店举行环保活动，并采用"日本绿色店认可制度"。

　　从尼桑公司的循环经济分析中我们可以看到，企业不仅仅应该注重自身利润的最大化，而应该追求着社会价值的最大化。在创造利润的同时，应该关注对社会、对环境的效果，并始终秉持着这样的理论，带到日常的生产实践中，才能真正做到"循环经济"。很多时候我们往往认为作为微观个体的个人或企业，我们的贡献没有办法达到社会层面，然而，正是需要每一个微观个体的协同配合，才能真正将环境保护从小做到大。正如尼桑公司带给我们的启示一样，从企业层面上升到了社会大层面。

　　【点评】很多时候我们往往认为作为微观个体的个人或企业，我们的贡献没有办法达到社会层面，然而，正是需要每一个微观个体的协同配合，才能真正将环境保护从小做到大。正如尼桑公司带给我们的启示一样，从企业层面上升到了社会大层面。

生态词典　　sychometric room【人工气候室】
可人工控制光照、温度、湿度、气压和气体成分等因素的密闭隔离设备，又称可控环境实验室。由控制室、空气处理室和环境实验室三部分组成。

plant factory【植物工厂】通过设施内高精度环境控制实现农作物周年连续生产的高效农业系统，使设施内植物生育不受或很少受自然条件制约的省力型生产。

日本三菱化学公司开发"植物工厂"

随着日本社会老龄化问题的日益加剧，劳动力不足使日本农业受到严重冲击，荒地不断增多，农产品自给率持续下降。为摆脱农业的困境，日本政府采取各种措施鼓励科技兴农，推动农业的"工业化"发展。一些大型企业应用发光二极管照明、太阳能电池板发电等技术，建造"植物工厂"，探索农业的"工业化"发展道路。

"植物工厂"源自美国，早在20世纪40年代，美国加州建立了第一座人工气候室，并把营养液栽培与环境控制有机地结合起来。人工气候室的出现引发出"模拟生态环境"研究领域的一场革命。日本于1953年、前苏联于1957年也相继建成了大型人工气候室，进行人工可控环境下的栽培试验。人工气候室以及北欧在同一时期发展起来的设施园艺技术为植物工厂的出现奠定了技术基础。1957年，世界上第一座植物工厂在丹麦约克里斯顿农场建成。

与欧美国家相比，日本在植物工厂方面的研究相对来讲起步较晚，但其研究与开发的速度很快。1989年成立的日本植物工厂学会具有很强的影响力。日本政府在政策与资金方面的大力支持，使植物工厂成为21世纪高科技农业的重要发展领域，极大地推动了植物工厂的普及与发展。

严格意义的植物工厂是完全人工光型的，它创造了一个完全人工的工业化生产环境。植物生长并不需要可见光中的所有波长，而只是吸收特定波长的光。例如，进行光合作用和开花时，蓝色450纳米波长有利于植物长叶，而红色660纳米则有利于开花及结果，针对不同的植物可选择不同的红蓝比例以达到最佳的使用效果。早期的人工光选择多是在生长室内组合使用大量的荧光灯与少量的白炽灯，有时则根据不同的研究用途分别选择使用高压水银灯或氙气灯。后来又采用卤化金属灯和高压钠灯全光谱灯。后来，LED（发光二极管）和激光灯等新光源被广泛应用与开发。

最早将LED用于植物栽培的是日本三菱公司，早在1982年就有将红色LED光源用于温室西红柿补光的试验报告。2010年，日本三菱化学公司推出了用大型集装箱改造的"植物工厂"。据了解，这种"植物工厂"在集装箱上部装有太阳能电池板和锂电池混合电源。室内装了水处理设备，通过循环利用节约用水。以LED光照设备促进作物的光合作用，水耕栽培系统负责投放最合适的液体肥料。集装箱壁加装的隔热材料使外部的温度不会影响室内变化，既可以控制能源消耗，又可以准确调节植物生长的最适合温度。

像这样一个面积约30平方米的集装箱，一年大约可收获8万棵生菜和小松菜，可谓高产。这种"植物工厂"最大的好处是不受地域环境的影响，不论是寒冷地带，还是无水沙漠，都可以做到稳产高产，保种保收。

三菱化学公司的植物工厂系统配备可保持工厂内温度的空调设备、可对水进行循环过滤以实现再利用的水处理设备以及照明设备等，面积为200m²。从播种到收获需要20天，每天的产量约为48kg。特点是通过沿用现有蔬菜批发市场的设备，从栽培到包装和供货的一系列流程都可以在同一建筑内完成。据介绍，由于即使在狭小空间也可获得较高的产量，靠近消费地因而可削减运输成本，采用水培法可保持干净因此无需清洗，所以植物工厂栽培的嫩叶菜具有较高的成本竞争力。

2013年，三菱化学公司向香港蔬菜统营处销售了植物工厂系统。栽培品种是雪菜、芝麻菜等嫩叶菜，蔬菜统营处对其位于香港市内的蔬菜批发市场的2～3层进行了部分改建，用于设置购买的植物工厂系统。这是三菱化学继2012年11月27日宣布向俄罗斯Mir Upakovki销售植物工厂之后，第二次向海外销售植物工厂系统。

【点评】随着城市的发展，土地紧张的问题已经开始显现，而植物工厂的做法，大大提高了土地和空间的利用效率。随着技术的发展普及，也许不远的将来，钢筋水泥的都市丛林就会成为各种植物生长的温床。

biomass energy【生物质能】 太阳能以化学能形式贮存在生物质中的能量形式，即以生物质为载体的能量。是一种可再生能源，同时也是唯一一种可再生的碳源。

low carbon emission【低碳减排】 以实现减排、降低碳密集生产和消费为目标，同时帮助发展中国家适应气候变化的影响、减少森林退化、寻求低排放和清洁能源的发展。

内蒙古毛乌素生物质热电生态项目

2012年3月26日，在联合国可持续发展大会第三次会间会期间，中国内蒙古毛乌素生物质热电生态项目作为"成功典范"，向人们展示了该项目在治沙、减排、富民以及产业化发展等方面所取得的成功经验。包括治理沙漠、利用生物质燃料发电，并捕捉发电厂排放的高浓度二氧化碳培育生产螺旋藻的三碳经济综合解决方案，以及通过种植沙柳"吸碳"、生物质发电"减碳"和"捕碳"生产螺旋藻的全程综合解决方案，同时实现治沙、富民和绿电三方面的目标的有益实践。

位于陕西榆林市和内蒙古鄂尔多斯市之间的毛乌素沙地是中国四大沙地之一。地处内蒙古自治区最南端的乌审旗即位于毛乌素沙地的腹地，全旗总面积11645平方公里，各类风蚀沙化土地占了总面积的98%。治沙，是乌审旗人不得不面对的严酷现实。

治理沙漠通常的手段是种树，但种树成功以后维护沙漠绿色的投资将会更大，甚至可能是个无底洞。这一点是人类必须面对的挑战，却又是治沙的根本所在。种树实际上只是沙漠治理的开始，由于沙生植物这种生长的特性，每隔三四年的抚育才是沙漠生态保持的最根本的方法。如果种树成功却不进行定期抚育，沙漠终将还是沙漠。

在环保和减排的前提下，把治理沙漠、抚育灌木产生的大量剩余物用来发电，是唯一能够解决治沙种树后不断产生的生态抚育投资问题的产业路径。这是一个治理沙漠、发展生物质能源、实现低碳减排的综合解决方案。

基于这一分析，毛乌素生物质热电项目于2008年11月建成投产，运行至今，平均每年向当地沙漠投入的平茬抚育治理资金达5000万元。与此同时，在毛乌素沙地上形成的生物质种植、管护、平茬、储运、加工为一体的产业链，为社会提供了约8000个就业岗位，仅收购原料一项，每年就能为农牧民增收7000多万元。

毛乌素生物质热电项目是全球第一个科学利用沙生灌木平茬生物资源，用先进的生物质能直燃发电技术发电的示范项目，也是一家经济效益和社会效益兼顾、规模化和专业化治沙程度较高的民营企业，在低碳经济、新能源发展、循环经济和治沙富民等方面探索出了一条新路。

毛乌素生物质热电项目主要是用生物质燃料替代煤发电。毛乌素生物质热电厂正是依托沙生灌木，结合先进的生物质能发电技术，利用生物质发电，实施沙生灌木能源林建设，进而实现规模有效持续治理沙地的示范项目。毛乌素生物质发电项目属于典型的循环经济模式，其产业实施路径是：种植灌木——抚育平茬——收集剩余物——简单加工——电厂入炉——并网发电——获得补贴——产生利润——造林治沙。循环往复的结果是治沙面积不断扩大，生物质能源原料不断增加，绿色电力规模不断提高。

毛乌素生物质热电治沙产生的核心价值就是三碳经济，即碳吸收、碳减排、碳捕集。能源型企业在生产时要排放二氧化碳，而沙柳却在吸收二氧化碳，这是三碳经济中的"碳吸收"；电厂的能源是沙柳和柴木，排出来的烟是非常干净的二氧化碳，排出来的灰是草木灰（钾肥），排出来的水完全可以做到灌溉程度，这种生物制电厂本身非常干净，电厂本身就是"碳减排"；把烟筒里的二氧化碳再利用，比如把烟气通过管道实验培养出螺旋藻，"碳捕集"由此而来。"三碳经济"产业治沙模式不仅是典型的循环经济模式，也是一种碳汇林业、低负碳经济与生态建设完美耦合的生态经济发展新模式，对中国含水沙漠的治理，实现"一举多赢"的可持续发展以及林业应对气候变化，增汇减排意义重大。

毛乌素项目被认为是一个探索产业改善人类环境、为人类提供最具健康价值食品的模式化项目，它揭示了沙漠资源化的价值，把人类生存环境与人类健康完整统一起来，并通过循环经济产业链获得可持续发展。

【点评】毛乌素生物质热电厂实现了生态建设产业化，产业发展生态化，一笔资金办了绿色能源建设、生态建设、沙区扶贫致富、循环经济、环境保护、新农村建设、西部大开发、节能减排、经济社会发展等多件大事，为政府解除了不少困惑，综合效益显著，值得总结和推广。

华新水泥厂以"垃圾"为原料

被誉为"中国水泥工业的摇篮"的华新水泥股份有限公司，昔日曾是"光灰产业"的代表，今天正成为一个"吃危废"、"吃垃圾"的环保企业，"水泥摇篮"正在变身"环保先锋"。

1907年兴建的华新水泥，在一百多年的发展历程中，引领着中国水泥工业的发展，但也曾背上过"光灰产业"的恶名，一度成为污染企业的代表。扩大产能与节能减排是一个难解的矛盾，如何化解？华新来了一次大胆变革和尝试：脱掉污染的灰袍，穿上环保的绿衣——主动进军治污领域。十年前，华新水泥开始起步转型：把"光灰产业"做成环保产业，把百年老企转变成新型环保中心。

华新水泥从最早"吃"武钢等企业固体工业废弃物开始，逐步扩展到其他危废物。目前，华新水泥股份有限公司已有生活垃圾、市政污泥、水域漂浮物处置等40余项发明、实用新型技术专利。

2009年7月23日，华新在三峡大坝上游50公里的地方选址，建成一条日产4000吨水泥熟料生产线，并投资5000万元配套建设漂浮垃圾处置项目。这是一条精心设计的流程：打捞起来的漂浮物进入处置车间破碎，以便颗粒大小满足技术要求；转移至露天干燥厂或送至窑底，利用水泥窑余热降低漂浮物水分；最后进入分解炉内处理。3年来，华新共处理三峡库区漂浮物20万吨。

在武汉、黄石、宜昌等城市，污水处理厂里产生的大量"二次污染物"——市政污泥，也被华新窑炉"吃干榨尽"。

经过污水处理厂处理后的污泥含水率在85%左右，而污泥的含水率越高热值越低，当含水率低于50%时才适于燃烧。华新主要采用污泥脱水后直接入窑的技术处置市政污泥，污泥被送来后，首先要进行集中干化，将含水率降到50%左右，然后在利用水泥窑低温余热深度干化污泥。这主要是利用水泥窑余热发电后的部分或全部超低温蒸汽作为污泥干化的热源，将污泥含水率降到10%以下。若以含水率为10%的污泥热值来计算，处理1吨污泥可以为水泥厂节省150公斤标煤。因此，这种处置方式不仅实现了污泥的无害化处置，在降低污泥运输成本的同时，既充分利用了水泥窑生产过程中产生的所有预热，也有效利用了污泥所含热量，真正实现了生产过程最大限度的节能并使污泥处置资源化。

2012年10月17日，华新与北京另一家公司就环保领域方面的合作签署了战略协议，利用华新水泥窑协同处置技术，对北京生活垃圾进行无害化处置，"吃进"垃圾，"产出"水泥，而且没有二次污染。垃圾被运送过来后，首先要进行破碎，然后被送到干化区进行15～18天的干化，使垃圾的含水率从45%以上降低到25%左右。经过干化的垃圾会被送到分选车间，其中的有机质、可燃物被作为替代燃料送入水泥窑，灰渣、砖瓦碎块等破碎后可作为水泥生产的骨料。

其实，早在2003年，华新水泥就开始了水泥窑协同处置高危废弃物的尝试。当年，他们处置了数十吨毒鼠强及其污染物、13吨滴滴涕废弃物，为国内危废物处理带来了新的思路。目前，他们已能够处理包括废弃农药、废弃有机溶剂等在内的15类危险工业废弃物，成功对近千万吨固体工业废弃物、1500吨废弃农药进行无害化处理，将其转化为水泥生产线的替代原料和燃料。

华新让水泥企业不再是高污染的标志者，不再是高能耗的代名词。未来5年，华新至少能建设30至50个环保处理工厂，并带动与水泥行业相关联的电力、钢铁、化工等企业，形成资源再利用的循环经济产业链。

【点评】昔日曾是"光灰产业"的代表，今天正成为一个"吃危废"、"吃垃圾"的环保企业，"水泥摇篮"正在变身"环保先锋"。华新水泥的经验表明，开放合作是企业新生的必由之路；大胆转型，从污染企业变身环保企业，符合科学发展和建设"两型社会"的要求，这些均值得其他企业借鉴。

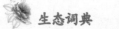

resources-exhausted city【资源枯竭型城市】 矿产资源开发进入后期、晚期或末期阶段，其累计采出储量已达到可采储量的70%以上的城市。

industry chain【产业链】 各个产业部门之间基于一定的技术经济关联，并依据特定的逻辑关系和时空布局关系客观形成的链条式关联关系形态。

"金昌模式"的探索

在国家发改委发文公布的全国60个循环经济典型模式案例中，甘肃省金昌市被列为区域循环经济12个典型案例之一，特征为"通过构建资源循环利用产业体系，从依赖单一资源发展向多产业共生发展转型的资源型城市循环经济发展模式"。

作为甘肃省循环经济试点示范市，金昌通过大力发展循环经济，从完全依赖资源的"单行道"，到矿产原料、产品甚至废气、废渣的综合利用，"吃干榨尽"的"大循环"，实现了从依赖单一资源发展向多产业共生发展的资源型城市发展的历史性转变，走出了一条点石成金的循环经济发展之路，形成循环经济发展"金昌模式"。

由于是以有色金属、重化工为主体的重工业城市，金昌一直以来注重节能减排和清洁生产，不断探索延伸产业链，实现资源综合利用。金昌人围绕重点企业废弃物综合利用招商引资，就地转化，变废为宝，化害为利，以求实现资源利用效益最大化。经过数年的实践探索，基本特征为"资源循环利用、产业共生发展、科技引领支撑、园区承载集聚、机制创新保障"的循环经济"金昌模式"不断丰富完善。

金昌发展循环经济有着良好传统，从镍基地开发建设伊始，就十分注重资源综合开发和利用。1978年，被列为全国三大资源综合利用基地之一，方毅同志八下金川，组织全国50多家科研院所、大专院校进行科技联合攻关，1989年"金川资源开发与综合利用"项目获得了国家科技进步特等奖。上世纪90年代至本世纪初，侧重于发展有色金属深加工产业，重点解决二氧化硫的出路问题，全市资源综合利用水平得到进一步提高，以硫化工为主的化工产业得到迅速发展。

金昌发展循环经济的方式，一是纵向拓展，不断延伸有色金属及其深加工产业链；二是横向耦合，促进多项产业共生发展。他们围绕主导产业发展，充分利用有色金属生产过程中产生的副产品，横向拓展产业共生领域，配套发展化工、建材、再生资源利用等关联产业，着力延伸工艺相互依存、物料近距离转运和下游接上游、"吃干榨尽"的循环经济产业链，促进产业结构由单一的有色金属产业向化工、冶金、建材及新材料等多产业共生发展转变，形成硫、磷、氯碱、煤、氟等五大化工产业链，各类化工产品产能达到500万吨以上；三是园区支撑，推进产业集聚发展；四是科技引领，提高资源综合利用水平。目前，该市累计获得专利授权940件，在相关新材料领域拥有14项达到世界先进水平且具有自主知识产权的核心技术。

"金昌模式"还加大节能减排力度，实施"碧水蓝天工程"，不断改善人居环境。金昌市关停了所有小火电机组、所有水泥立窑生产线和所有的造纸厂，建成一批烟气治理、污水和垃圾处理等环保项目，提前一年完成了"十一五"节能减排目标。2011年市区环境空气质量首次达到二级标准。

每一个产业链，就是一个产业集群。经过多年的探索实践，金昌已构筑了"企业小循环、产业中循环、区域大循环"的新格局，形成了硫化铜镍矿开采—镍铜钴冶炼—镍铜钴压延及新材料产业、二氧化硫—硫酸—硫化工、硫酸—磷酸—磷化工、烧碱—氯气—PVC—电石渣—水泥、原煤—捣固焦—焦炉煤气—合成氨—磷铵等环环相扣、"吃干榨尽"的循环经济产业链条，实现了资源利用的最大化和污染物排放的最小化。多年探索，金昌经济步入良性发展循环经济圈。

为了更好地发展循环经济，2012年5月，金昌市与兰州大学共同举办循环经济与"金昌模式"研讨会，对循环经济"金昌模式"进一步进行了提炼和总结，其特征为：资源循环利用、产业共生发展、科技引领支撑、园区承载聚集、机制创新保障。

【点评】金昌立足资源禀赋、产业基础和发展现状，把发展循环经济作为转变经济发展方式、实现资源型城市可持续发展的突破口，着力建设资源节约型和环境友好型社会，逐步走上了资源消耗低、环境污染少、技术含量高、经济效益好、人力资源得到充分发挥的新型工业化道路。

生态词典　　**cleaner production【清洁生产】**清洁生产是指将综合预防的环境保护策略持续应用于生产过程和产品中，以期减少对人类和环境的风险。同时充分满足人类需要，使社会经济效益最大化的一种生产模式。

zero release【零排放】无限地减少污染物和能源排放直至为零的活动，实现对自然资源的完全循环利用，从而不给大气，水体和土壤遗留任何废弃物。

美国杜邦化学公司开创"3R制造法"

20世纪80年代，由联合国环境规划署工作发展局前局长拉德瑞尔女士组织专家研究并提出的清洁生产3R原则，是国外循环经济最著名的理论。3R原则包括：

减量化原则（reduce），要求用较少的原料和能源投入来达到既定的生产目的或消费目的，进而到从经济活动的源头就注意节约资源和减少污染。减量化有几种不同的表现。在生产中，减量化原则常常表现为要求产品小型化和轻型化。此外，减量化原则要求产品的包装应该追求简单朴实而不是豪华浪费，从而达到减少废物排放的目的。

再使用原则（reuse），要求制造产品和包装容器能够以初始的形式被反复使用。再使用原则要求抵制当今世界一次性用品的泛滥，生产者应该将制品及其包装当作一种日常生活器具来设计，使其像餐具和背包一样可以被再三使用。再使用原则还要求制造商应该尽量延长产品的使用期，而不是非常快地更新换代。

再循环原则（recycle），要求生产出来的物品在完成其使用功能后能重新变成可以利用的资源，而不是不可恢复的垃圾。按照循环经济的思想，再循环有两种情况，一种是原级再循环，即废品被循环用来产生同种类型的新产品，例如报纸再生报纸、易拉罐再生易拉罐等等；另一种是次级再循环，即将废物资源转化成其他产品的原料。原级再循环在减少原材料消耗上面达到的效率要比次级再循环高得多，是循环经济追求的理想境界。

"3R原则"有助于改变企业的环境形象，使他们从被动转化为主动。典型的事例就是杜邦公司的研究人员创造性地把"3R原则"发展成为与化学工业实际相结合的"3R制造法"，以达到少排放甚至零排放的环境保护目标。他们通过放弃使用某些环境有害型的化学物质、减少某些化学物质的使用量以及发明回收本公司产品的新工艺，在过去5年中使生产造成的固体废弃物减少了15%，有毒气体排放量减少了70%。同时，他们在废塑料如废弃的牛奶盒和一次性塑料容器中回收化学物质，开发出了耐用的乙烯材料——维克等新产品。杜邦公司副总裁特博说："制定这个目标（指零排放）可以促使人们不断提高工作的创造性。人们越着眼于这个目标，就会进一步认识到消灭垃圾实际上意味着发掘对人们通常扔掉的东西的全新利用方法。"

杜邦公司通过推行清洁生产、资源和能源的综合利用，组织企业内各工艺之间的生产投入品的循环、延长生产链条，减少生产过程中原料和能源的使用量，尽量减少废弃物和有毒物质的排放，最大限度地利用可再生资源，同时提高产品的耐用性。

追求3R，最终目标是实现循环绿色经济，即只用少量的自然资源就能满足经济社会发展的需求。通过节约、回收和再利用废旧资源，使其尚未被充分利用的价值得到重新开发和使用，产生新的经济和社会效益。在21世纪，人类社会的发展方向，已不是建立在更多地消耗资源，而是更加节约、回收和再利用资源的基础上。

经过30年的努力，3R在世界范围内取得了很大的成就。中国在1981年到2001年的20年间，能源消费只增加2倍，能源强度下降了75%，节能成就显著。中国在废钢铁的回收、废纸的再利用、废旧硅酸盐的重新使用等方面都取得了巨大成就。2001年，中国工业废水的重复利用率已超过70%，工业固体废物的综合利用率达到52%。实现资源的3R，科学技术起着至关重要的支持作用。

【点评】近年来，随着我国经济的快速增长，资源供需的矛盾越来越突出，大力发展循环经济，加快建设节约型社会，已成为促进我国经济社会可持续发展的现实选择。以减量化、再使用、资源化等"3R原则"为基本特征的循环经济是对传统发展模式的一种扬弃，可以实现经济社会与资源环境的协调发展。在工业、农业等各个领域均有参考意义。

the green olympics【绿色奥运】

狭义上指在申办、组织、举办奥运会的过程中，以及在受奥运会直接影响的举办奥运会之后的一段时间里，自然环境和生态环境能与人类社会协调发展。广义上指与奥运会相关的物质和意识上的绿色。

inhalable particle【可吸入颗粒物】

通常把粒径在10微米以下的颗粒物称为PM10，又称为可吸入颗粒物或飘尘。颗粒物的直径越小，进入呼吸道的部位越深。

绿色钢铁企业的首钢尝试

在绿色经济浪潮席卷全球的今天，深化国有企业改革，加快推进国有企业转型升级已变得十分紧迫。而首钢的成功转型便成为这个时期的一面旗帜。有着92年历史的首钢，已然成为首都经济结构转型与节能减排的先行军，也因此成为绿色转型的典范。

多年来，首钢为国家经济社会发展作出了巨大贡献，仅1979年到2009年，就累计上缴国家利税费达到608亿元。然而，随着经济社会的发展，再加上2001年7月申奥成功，"绿色奥运"概念的提出，北京市对环境保护也提出了更高的要求，首钢调整转型势在必行。

根据当时环境保护部测定，北京市环境空气质量要达到举办奥运会要求的二级标准，每立方米可吸入颗粒物浓度允许100微克，而当时自然形成的基础值已接近70微克，排放空间只有每立方米30微克，可吸入颗粒物浓度所允许的排放总量为每年3~4万吨，而北京市实际排放总量为每年11万吨。

当时的首钢，随着生产规模的扩大，降尘的情况也随之恶化，对大气的污染也越来越严重。上世纪90年代初最为严重的时期，首钢的粉尘在石景山区86平方公里范围内排放量平均是每年每平方公里34吨。与此同时，随着北京的城市扩张，首钢的位置已从当年的"北京西郊"变至北京城区，并且首钢厂区地处北京西部上风向，首钢成为首都空气污染的一个重要来源。于是，在90年代后期更是发起了一场"要首钢还是要首都"的大讨论。

2005年2月，国务院批复同意首钢实施压产、搬迁、结构调整和环境治理方案，并同意将河北省唐山市曹妃甸作为搬迁的载体。同年6月，首钢炼铁厂5号高炉停产，标志着首钢北京地区涉钢系统压产、搬迁工作正式启动。随后，2007年3月，首钢京唐钢铁公司项目正式开工建设，将建设成为一个新首钢。值得一提的是，首钢京唐钢铁厂格外重视循环经济的发展，实现了企业内、外物质、能量的循环。在内部，充分利用生产过程中的余热、余压、余气、废水、含铁物质和固体废弃物等，基本实现废水、固废零排放，铁元素资源100%回收利用。在外部，每年采用海水淡化技术，可提供1800万吨浓盐水用于制盐；提供330万吨高炉水渣、转炉钢渣、粉煤灰等用于生产水泥等建筑材料，并可消纳大量的社会废钢及废塑料等。同时，广泛采用新工艺、新技术、新设备、新材料进行系统集成，共采用了220项国内外先进技术，其中自主创新和集成创新的技术占三分之二，充分体现了21世纪世界钢铁工业科技发展水平。

首钢搬迁，是中国工业史上的标志性事件，也吹响了中国钢铁走向结构调整和战略转型的号角。"绿色制造、循环经济、环境友好、产品高端"的设计理念，首钢京唐钢铁厂的科技创新成果被普遍应用。2009年世界钢铁工业十大新闻中，"首钢京唐钢铁厂集成创新成果"高居第二位。

首钢停产后，原有厂区的8平方公里土地将被重新开发，变身新的首钢工业区。未来五年，首钢在北京地区将重点发展符合"人文北京、科技北京、绿色北京"定位的新兴产业，包括高端金属材料、高端装备制造、汽车零部件、生产性服务业、文化创意产业等。首钢将全力推进"新首钢高端产业综合服务区"建设，实现全面转型。

【点评】首钢搬迁调整，不仅有利于落实北京城市的总体规划，解决环境保护问题，而且也为我国中心城市钢铁企业搬迁调整探索经验。另一方面，也有利于提高我国钢铁工业的国际竞争力，为发展循环经济、提高自主创新能力提供示范。

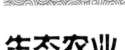

生态农业

SHENG TAI NONG YE

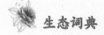

日本"菜花工程"循环利用资源

2005年3月25日，日本在爱知世博会的开幕式上，将"菜花工程"作为循环利用资源、保护地球环境的成功事例加以介绍，引起了广泛关注。

"菜花工程"的发展最早可以溯及20世纪70年代后期爱东町实行的"废食用油回收计划"，该计划对回收的废食用油进行处理，实现资源再生利用，达到防治污染、保护环境的目的。早期的废食用油处理方式是制造肥皂粉，从1995年开始，爱东町在日本最先试验利用废食用油精炼制造BDF取得成功。此后，随着使用量的逐渐增加，仅仅依靠回收的废食用油进行精炼已经不能满足要求，为扩大原料来源，同时基于复兴农村等多种考虑，爱东町开始利用休耕的稻田转作油菜。1998年，从油菜栽培开始，收获、榨油、食用、废食用油回收、精炼利用等诸多项目被整合为爱东町地域资源循环再生利用模式，并正式命名为"菜花工程"。

"菜花工程"的确立和发展，体现了日本在20世纪90年代后期，面对未来资源与环境的双重压力，构建"最适量生产、最适量消费、最小量废弃"社会经济发展模式的理念。这个理念在2000年通过立法确定为推进循环经济、建立循环型社会的基本发展战略。爱东町"菜花工程"成为生物资源综合战略示范项目，迅速推广到日本各地。

日本长期实行农业保护制度，特别是对稻米生产的保护。政府的高价补贴和消费者的高价支付虽然有效地保证了稻米的自给程度，但也带来了生产过剩、库存增加和沉重的政府财政负担。"菜花工程"利用休耕稻田种植油菜，不仅避免了对土地资源的浪费，而且为现有稻田转作提供了选择。

"菜花工程"推动的油菜种植业，在农协等团体的扶持下，通过区域内产业联合，逐步发展成为一个以油菜种植加工为基础的关联产业群。油菜种植不仅直接带来了收获油菜籽制造食用油的收益，而且为养蜂业提供了优质的蜜源。爱东町强调"菜花工程"出产的蜂蜜和食用油的天然、绿色，非转基因农产品的安全、安心特性，市场销售情况良好。爱东町还联合滋贺县农业综合中心农业试验场，开发出以油菜花为原料制作的菜花食品，目前已有糕点、面食、菜肴等不同类别40多种。

"菜花工程"具有突出的环境保护功能。油菜籽加工后遗留的油渣一般直接堆肥或加工成饲料，后者投入家畜养殖后又可以获得牲畜粪尿，处理后就是优质的有机肥料。对于油菜秸秆，则连同稻壳、林木修剪枝等进行炭化处理，加工成的炭粉一般用于土壤改良，或者作为极好的温室育种苗床材料。

对废食用油的处理利用是"菜花工程"保护和改善环境功能的最集中表现。目前精炼生产的BDF与传统的石化产品相比，燃烧后几乎不产生任何硫化物或其他污染物，是防止地球变暖、保护环境的清洁能源。BDF被广泛用于爱东町"菜花工程"各方面，从旅游观光公共汽车、回收物运输车和各种农用机械燃油，到作为发电机燃料乃至生活取暖燃料。"菜花工程"高效的废弃物处理再生利用模式，不仅避免了环境污染，而且摆脱了以往"大量生产、大量消费、大量废弃"的社会生产生活状态，形成了符合可持续发展要求的资源循环型社会发展结构。

"菜花工程"的社会功能首先表现在通过恢复农业生产，带动区域经济复苏，进而复兴整个农村地域。爱东町是传统农作地区，由于工业化发展，农村人口大量转移，农业劳动力不足，老龄化问题突出，2005年时老年人占总人口的比例已经达到23%，农村区域的衰退非常严重。"菜花工程"实施后，普遍形成了以3个专业农户联合6~7家兼业农户的稳定的油菜生产流通组合，这种组合既保证了一定的规模效益，也在一定程度上稳定了农村的社会结构。"菜花工程"还发展了爱东町的旅游服务产业，油菜开花后形成的美丽景观，吸引了众多考察和观光者，每年带来约10亿日元的旅游收入，更扩大了不同地域、产业、团体、机构和民众的交流，推动各种研讨会、花会、音乐会、交流会、研究报告会等，对复兴日本农村社会、保护传统文化起到了很大的作用。

【点评】日本"菜花工程"的成功实践，是对中国农业发展的最大启示，有非常重要的参考价值。当然，实施"菜花工程"的全部功能内容还不能离开各种补贴，而中国并不具备大量补贴农业的能力，因此对"菜花工程"的借鉴，应结合各地实际情况，特别是在经济上可行的条件下，进行符合中国国情的实践。

德国"绿色农业"令行禁止

　　德国早在1924年就有了生态农业的概念，至今，已有9家生态农业协会，到2010年，生态农业用地达到全国农业可利用土地的20%。德国经过几十年坚持不懈的努力，在政策和财政的大力扶持下，生态农业成绩举世瞩目。

　　生态保护，环境优美。二战后，化学工业品在农业生产中普遍运用，为解决德国饥荒问题作出了巨大贡献，但也付出了代价。生态环境的破坏，土壤理化性质的改变，给农业发展带来了较大的负面影响。20世纪70年代后，德国高度重视对生态环境的改善与保护，使农业生产与自然环境保持平衡，尤其在工业产品的应用上尽可能保持物流的平衡和土壤生物多样性，避免掠夺式生产经营，同时把有机农业作为可持续发展的生产方式。主要措施是：禁止使用化学农药，采用与自然控制力相协调的病虫害防治措施，包括利用抗病虫害品种、使用天敌益虫、采用物理措施等；禁止使用化学肥料，采用农家肥，种植豆科植物，施用绿肥和缓释的有机肥,实施秸秆还田措施;采用合理多样的轮作和间作制度;畜禽饲养中禁止使用抗生素;禁止使用化学合成的生长调节剂;禁止使用转基因技术;限制单位面积上畜禽饲养数量;实现饲料因地制宜,自给自足;每年7%的耕地休闲以此改善土壤的理化环境。生态农业逐步成为德国农业发展的新趋势,主要是采取建立国家森林公园、农业自然保护区及杂草保护区等措施,来保护农业生物多样性。政策上,实施环境保护补贴,使得生产对环境的影响向着有利于环境保护的方向发展。在德国的一些州,如果参与环保项目还可以得到另一份补助。州农业局的任务之一就是核查申请有机农业种植的面积,落实补助金。目前有些州环保型土地已达2/3左右,农户可以从政府那里得到补助,各项补助费加起来,约占农业生产成本的70%左右。德国还十分注重对森林的保护,森林总面积1080万公顷,森林覆盖率30%,森林生长量在欧洲属于最高水平,每年达到6000万立方米,但采伐量只有4000万立方米,严格的林业政策、林业标准,使德国森林对环境和人类的保护及其在疗养和休闲方面所具有的价值无法估量。

德国"生态农业协会(AGOEL)"的标准高于欧盟的"生态规定"。AGOEL规定,AGOEL成员企业生产的产品必须95%以上的附加料是生态的,才称作为生态产品。如一企业欲加入AGOEL,将其产品作为生态产品销售,必须经过3年的完全调整方可。在3年调整期间,企业业主必须提供生产方式的详细资料。由国家授权的检测中心对申请转入生态农业生产的企业进行检查。检查至少1年进行1次,此外也可不定期进行抽查。如检查不合格,则要延长调整期。2000年度对于150家生态企业的收益状况调查表明,由于生态企业不使用化肥和农药,产品产量有所下降,但生态产品价格远高于传统农业产品,故企业总利润及人均收入仍高于传统农业企业。

2001年9月5日,德国统一的生态印章公布于众。这个生态印章明确告诉人们,"该产品的确是生态的"。统一的生态印章是一个食品贸易、食品工业、农业生态协会,农民协会和国家政策和大联合。它提高了德国生态食品的信任度和透明度,它给消费者提供了巨大的便利,也为经营者提供了机遇。

20世纪90年代初，德国科学家发现可从一些农产品中提取矿物能源和化工原料替代品，实现农产品的循环再利用，这些生物质能源和原料是绿色无污染的，德国联邦政府开始重视发展此类经济作物。德国科学家对甜菜、马铃薯、油菜、玉米等进行定向选育，从中制取乙醇、甲烷，成功地研制出绿色能源，从菊芋植物中制取酒精，从羽豆中提取生物碱。油菜籽是德国目前最重要的能源作物，不仅可用作化工原料，还可提炼植物柴油，代替矿物柴油用作动力燃料。

【点评】从德国的实践行动和经验中，可得到深刻的启示：重视科技和生态农业是一种可持续发展的普遍道路和模式。其基本宗旨是实现人与自然、人与人、人与社会和谐共生，全面发展，良性循环，资源节约，环境友好，持续繁荣；其主要内涵是建立可持续的经济发展模式与健康合理的消费模式；其最终目标是增强绿色农业的核心竞争力和可持续发展。

生态词典　precision agriculture【精准农业】

由信息技术支持的根据空间变异，定位、定时、定量地实施一整套现代化农事操作技术与管理的系统，以最节省的投入达到同等收入或更高的收入，并改善环境，高效地利用各类农业资源。

agricultural microclimate【农业小气候】农田、森林、果园、草场以及各种农业设施中的贴地气层和土壤上层气候的统称。

美国农业：精准目标为生态

　　精准农业也称精确（细）农业，追求以最少的投入获得优质的高产出和高效益。指导思想是按田间每一操作单元的具体条件，精准地管理土壤和各项作物，最大限度地优化使用农业投入（如化肥、农药、水、种子等）以获取最高产量和经济效益，减少使用化学物质，保护农业生态环境，精准农业是"减量化"的循环农业。美国是世界上实施精准农业最早的国家之一，1990年后，美国将GPS系统技术应用到农业生产领域，试验成功后，小麦、玉米、大豆等作物的生产管理都开始应用精确农业技术。20世纪90年代中期，精准农业在美国的发展速度相当迅速，到1996年，安装有产量监测器的收获机的数量就增长到9000台。

　　精准农业是现有农业生产措施与新近发展的高新技术的有机结合，集成了信息技术与3S等高新技术，是全球卫星定位系统（GPS）、地理信息系统（GIS）、遥感技术（RS）、计算机自动控制系统、网络抽样技术、产量监测器、变量控制技术、作物模拟模型等技术兴起的一场新的农业技术革命，其核心技术是"3S"（GPS、GIS、RS）技术和计算机自动控制系统。如全球卫星定位系统（GPS），是利用地球上空的24颗GPS卫星和地面上的接受站及用户设备等，组成的高经度、全天候、全球性的精确定位系统。该技术主要用于田间信息的定位采集以及田间操作的准确定位。

精准农业技术发展得益于海湾战争后GPS技术的民用化。1993年，精准农业技术首先在美国明尼苏达州的两个农场进行试验，结果当年用GPS指导施肥的产量比传统平衡施肥的产量提高了30%左右，而且减少了化肥施用总量，经济效益大大提高。

精准农业技术成为国际农学、农业工程高新技术应用研究富有吸引力的领域之一。目前，美国已有实施精准农业技术的农机产品及其配套技术设备供应市场。

美国有200多万个农场，其中8%是年收入25万美元以上的规模经济的大农场，占整个农场耕地面积的37%，精准农业主要应用于大农场，有60%～70%的大农场采用精准农业技术，精准农业技术的采用也给农场主带来明显的效益。精准农业应用的主要地区在美国中西部，应用的主要作物是大豆、小麦、玉米和部分经济作物。精准农业技术开发领域在不断扩大。如作物生长过程模式，在耕作之前，在计算机上模拟各种管理决策模型，确定最佳效益模型，采用变量投入实现目标；排水和精准灌溉技术研究，包括土壤湿度传感器，变量喷灌、滴灌技术等。

2004年10月美国农业部与美国太空署签署协议，美国太空署提供更多的高性能遥感卫星支持美国农业的发展。以前这些卫星只用于军事上，今后这些高性能遥感卫星可以探测感应害虫迁移，提供更高分辨率的遥感图像，更多通道的光谱信息。这些高性能遥感卫星在精准农业中的使用，对精准农业的发展起到很大的推动作用。给耕地施肥对农民来说似乎是件再普通不过的事。通常，农民会把肥料均匀地播撒在耕地里。如今在美国，卫星技术和电脑程序相结合的"全球定位系统"能帮农民确定自己的耕地哪些区域肥料充足、哪些区域肥料欠缺，从而使他们"有的放矢"地施肥，不仅降低了生产成本，而且也更有利于环境保护。也正是有了高新科技应用于农业这个前提。

目前美国的"精确农业"，又被称为精确农作、"处方"农作、逐块区别管理、变量投入技术等，其主要思想是依据耕地的具体情况进行作物管理，利用先进技术准确地了解每一块耕地的土壤特性和农作物的生长特性，最大限度地优化在这块耕地上的种子、肥料、水等各项投入，从而获取最大的经济效益，保护农业生态环境及土地等农业自然资源。

【点评】精准农业是农业信息技术和现代农业机械制造技术的高度融合，我国农业信息技术应用目前与国际水平差距并不很大，精准农业综合技术的研究和美国相比具有自己的独特之处，因此，学习美国精准农业的发展经验和管理理念，开展适合我国精准农业技术体系研究和应用，目前应该是一个比较好的时机。

生态词典 **drip irrigation【滴灌】**一种灌溉方法，使水流通过设置的管道系统而滴入植物的根部土壤中。这种灌溉方法可节约农业用水。

green house【温室】又称暖房。能透光、保温，用来栽培植物的设施。在不适宜植物生长的季节，能提供生育期和增加产量，多用于低温季节喜温蔬菜、花卉、林木等植物栽培或育苗等。

以色列节水创"农业奇迹"

以色列人均水资源仅270立方米，不足中东人均的1/4，世界人均的3%，属严重缺水国，却创造了举世闻名的"农业奇迹"。

以色列国土的2/3都是沙漠，全年七个月无雨，据报道，占以色列全国劳动力5%的农业从业人员，提供了全国95%的所需食物，一些农产品还远销海外。此外，以色列占据了40%的欧洲瓜果、蔬菜市场，并成为仅次于荷兰的欧洲第二大花卉供应国。

这一切是以色列以节水为特色的农业发展的结果。农业曾是以色列的立国之本。1952年，以耗资1.5亿美元，历时11年建成了145公里长的"北水南调"输水管道，60年代中期又推广了滴灌的科学用水方法，带动了农业经济的腾飞。以色列农业人口由60%降为3%，一个农民能养活90人，国民生产总值人均8万美元，跃居世界前12名。

农业奇迹来源于高科技和科学管理。他们开发了许多优质高产的作物、蔬菜和花卉等品种，几乎全部是由以色列科学家经过多年的努力开发出来的，仅西红柿就培育出40多个品种。大棚栽培技术集中地体现了科技密集型现代节水农业的特点，以色列科学家对不同植物所需的光照、水分、养分、温度、湿度、栽培管理方法和预期产量都做了系统的研究，为农民开好了科学种田的"处方"。农民只需根据处方来用计算机对灌溉、施肥等各方面进行管理，不仅提高水肥利用率，而且作物产量成倍地增加。此外，还可以通过控制棚内环境，来控制植物的生长期和收获期，提高产品在市场上的价值。有人将其称为"现代化的农产品生产工厂"。大西红柿亩产高达20多吨，价格较为昂贵的樱桃西红柿亩产也达8吨，柿子椒亩产9吨。这些高产优质的品种和先进的科学栽培方法使以色列的节水农业实现了高投入、高产出的目标。

从1950年代开始，以色列就走上科技节水之路，先从农业灌溉用水方面下工夫，探索最优灌溉方式，根据不同绿化品种、不同时段用水需求，智能控制用水。如今，以色列的滴灌技术世界闻名。以色列发明滴灌如今已发展到第6代。滴灌使水、肥利用率高达90%，同时防止了土壤盐碱板结化。滴灌和温室大棚造就了产业化现代农业，其用水30年稳定在13亿立方米，而产出却翻了5番。据统计，以色列国内60%的灌溉面积使用滴灌。按照以色列的节水效率，地球可多养活3倍的人口。

以色列拥有世界最先进的水处理技术。以色列的市政水损率为7%，几乎是世界最低。此外，以色列的污水回收利用率高达75%，居世界第二。以色列海水淡化的技术，也是许多缺水国家望尘莫及的。到2012年，80%的家庭用水都要靠海水淡化来提供，以保证以色列地下水不会枯竭。以色列规划农业灌溉全部使用污水再处理后的循环水，目前，已将80%的城市污水处理循环使用，主要用于农业生产，占农业用水的20%。经处理后的污水除用于农业灌溉外，还重输回蓄水层。

农业奇迹还来源于节水理念深入人心。这里的任何一个家庭，绝看不到龙头"长流水"的现象。一般来说，以色列人用完了水，不会很快倒掉，而是循环使用。比如，剩下的饮用水会用来洗车、浇花草，或储存起来，等着废水回收和再利用处理。以色列政府还制定了可持续发展战略规划及保护资源与环境法规，建立水、土、空气等生态系统"红线制"，严格控制水质和采水量，建立国家绿色核算体系，用污染税、环境许可证、绿色标志等环保制度引导、鼓励绿色消费。

【点评】多样的气候条件、季节温度，不利的特殊自然环境，以及发展经济的紧迫要求，促使以色列不得不自行开发资源，挖掘潜力，因地制宜地发展农业生产，走一条独特的科技兴农发展之路。相比之下，我国很多地区也面临着水资源紧缺，不是资源型缺水，而是工程型和管理型缺水，所以，只要采取行之有效的技术措施，农业节水潜力也是很大的。

agricultural subsidies【农业补贴】
是政府对农业生产、流通和贸易进行的转移支付。WTO框架下的农业补贴是指针对于国内农业生产及农产品的综合支持。

a perennial plant【多年生植物】多年生的草本植物，又称多年生草本（植物）、多年草等。树木、灌木和攀缘植物都是长命的木质多年生植物。

英国农业打"永久牌"

　　"永久农业"是循环经济中废物资源化的一种重要形式，特点是在节约资源和不破坏环境的基础上，通过元素的有效配置达到有利关系的最大化。种植者们循环利用各种资源，节省能源，如用香烟头来收集雨水、变粪便为有机肥料、实行秸秆还田。"永久农业"寻求尽可能节约使用土地的资源，强调使用多年生长植物，鼓励使用自我调节系统。耕种土地时，通过多种类种植和绿色护盖等技术来保养土地。"永久农业"不使用人造化肥和杀虫剂，通过种植多样性的植物以及促使食肉动物进入生态系统来阻止。这就是英国现代农业的特点。

　　英国农业打"永久牌"就是实行可持续发展的战略，特点与经验首先是通过立法保护农业可持续发展。英国政府对农业的发展比较重视，1942年政府出台了以农村土地利用为主旨的《通告》，提出对土地实施分类，确认农业用地，让农民拥有土地的使用决定权。《农业法》强调要扩大农业规模，提高农业生产率来保护农业，大力推广适用技术等；《国家农村耕地和道路法》主要针对农村自然景观划定城市的扩大不能占用特殊科学实验用地。《野生动植物和农村法》强调了农业环保问题。这些立法和政策在一定程度上促进了该国农业的可持续发展。

建立了完整的农业科研、推广、教育体系，保证了农业可持续发展。目前英国建立了较完善的农业科研体系，有强大的科研队伍。英国的农业科研工作由教育和科学部下设的农业研究委员会统一计划和协调。农业研究委员会有23个研究所，承担农业、渔业和食品部委托研究的项目。英国农业科研成果的推广工作由农渔食品部的农业发展咨询局负责，在国家和地方设有专门负责科研成果推广、转化机构。在英格兰和威尔士，农业发展咨询局有5000多名工作人员，是全国最大的农业科技推广机构。

在教育方面，英国设有农业课程的学校有综合性大学、农学院和农校三大类，其中有15所综合性农业大学，42所农学院。全国各地都建立了农校，农场主、农业工人等均参加农校的学习，农校设有全日制课程。农学院每年都承担了对农户培训的任务，如哈伯·亚当大学农学院每年对农业工人、农场主的培训人数6000多人次，是本院在校生的4倍左右。

以欧盟共同农业政策为基准，实行标准化、科学化生产，稳定农业可持续发展。英国1972年加入欧共体（欧盟前身），5年的过渡期后，于1977年正式全面执行共同农业政策。在生产加工等各个生产环节上都实行标准化、科学化生产，如小麦生产过程中的施肥是通过测土配方后再施肥；又如生产牛奶是按照欧盟共同产品要求实施标准化饲养，科学化管理进行的，牛奶产品直接销欧共体。因此，英国政府积极加入欧盟，以欧盟共同农业政策为基准，实行标准化、科学化生产，稳定了农业可持续发展。

大力实行农业补贴和保护政策，促进农业可持续发展。英国政府在欧盟共同农业政策的框架内对本国农业发展和环境保护采取了积极的农业补贴，重点是对农村基础设施建设，如农村道路、地界围栏、排水设施等予以补贴。对农产品补贴，即当农产品价格低于目标价格或干预价格时，政府按目标价格或干预价格收购农产品，使收益不被降低，这样补贴每年平均高达25亿英镑，远远高于农业和农村经营收益。对农村进行补贴，如英国政府规定，农民要负责对农场附近的树林、河沟等的保护，如果遵守了这些措施，政府就实施补贴；如果农场在种植过程中，不施用氮肥，政府则每公顷补贴450~550英镑；如果把耕地转作种植牧草，则每公顷补助590英镑。英国农村环境保护补贴每年平均累计为15亿英镑，且有增加趋势。所以国家对不同农村地区进行补贴，即按农民所在地区的农业环境条件，根据农产品数量、作物面积、牲畜数目等直接给农民进行补贴。还普遍实行免费向农民提供技术服务和农产品市场信息、政策，并在税收、服务等方面加大了对农村地区的扶持力度，从而促进了农业的可持续发展。

【点评】永久农业注重本地能量与资源的循环，强调相互关联的最大化利用，鼓励使用自我调节系统。它和有机农业有一些重要的差异，有机农业是一种生产方法，而永久农业则是一个设计方法。在强调可持续发展的当下，永久农业是现代农业的一个可以预期的方向。

生态词典　　organic fertilizer【有机肥】主要来源于植物和动物，施于土壤以提供植物营养为其主要功能的含碳物料。

microbe【微生物】生物的一大类，形体微小，结构简单，繁殖很快。

日本生态农业从细节做起

日本生态农业推广不仅是个系统工程，而且从政府、地方农协、农艺专家到农户，每个人都把细节当成攸关自己的大事来做。

上野忠男是枥木县河内郡鹿沼市上三川町三村的草莓种植园主，已种植草莓40年。在建于自家院落的草莓育苗棚里，他种的草莓品种是自己研发的，育苗时间一般50～60天，之后便移栽到大棚里，大棚的基肥一定要用有机肥，否则草莓口感肯定不好。科学施用生物有机肥，加上大棚管理得当，会延长草莓采摘期，他的草莓种植季节可从上年10月份持续到第二年5月份。

即使到了结挂的草莓已是最后一茬，但仍个大味甜，可见其生态种植水平之高，市场售价每斤约合人民币100元。

青森县是日本的苹果之乡，富士苹果的出产地。当地种植面积最大的苹果园，树龄最低7年，最长19年；最高亩产8吨，年收入纯利200万元人民币。在果园一侧，有一块引人注目的告示牌，上面标示着"100%有机质使用苹果园"，并介绍其有机肥种类主要是树皮堆肥。果园松软的泥土黝黑，有机质含量很高，每棵树周围都施播了有机肥，土壤微生物环境良好，这对抑制果树重茬病等病虫害起到很好作用。果园四周每隔一段还竖了一根铁杆，杆上绑着黑色纱网。这是用来防风的，因为日本台风很多。而每棵树主干上也绑着一根细铁杆，为的是让树长得直，结出的苹果口感好。这里一亩果园仅基础设施投入就达6万元人民币，这是一个很大的数字，但当地政府在果园初创时补贴了其投入的85%，目的就是为了鼓励种植户选择生态种植方式，保护好环境。

飞弹市苍翠的山景、碧蓝的天空、清澈的溪流、清新的空气、健康的农产品供应，无不得益于当地生态农业的发展，其中包括对土壤保护最重要的有机肥生产及田头施用管理，这也有农艺专家对生态农业的技术支持和项目积极主动对接的功劳。他们对有机肥使用，从源头抓到田头，把牛粪、药渣、微生物菌打造有机肥循环产业链。丹生川堆肥中心最初生产有机肥，只单纯用当地著名的飞弹牛牛粪堆肥。由于发酵不充分，牛粪气味和发酵过程排放的废气，严重污染环境，居民意见很大。生产出的肥料肥效也不高，农民不愿买。九州大学大学院正山研究室教授和农艺专家闻讯后，立刻对该厂展开技术支持，他们根据飞弹市土壤特性，专项研制出科学堆肥方案，指导堆肥厂把汉方药药渣、微生物菌剂添加在牛粪中搅拌发酵。汉方药公司卖给堆肥厂的药渣也很便宜，牛粪则免费获取，这大大降低了肥料生产成本。在堆肥厂成品仓库，一袋袋准备出售的有机肥包装袋上，印着水果、蔬菜等图案，标明肥料的不同用途。最便宜的肥料一袋25公斤装，合人民币20元多一点，价格不高，肥效却很好，农民消费得起，也愿意买。

在汉方药物会社教授和农艺专家指导下，把药渣廉价卖给堆肥厂，促进了牛粪发酵，提高了肥效，一举多得。这是一个典型的生态农业循环经济案例。既解决了牛粪、药渣垃圾的处理问题，微生物菌有机肥的使用也保护了土壤生态，进而保护了当地人赖以生存的环境。

【点评】细节决定事情的成败，也决定经济发展的成败。从最小的药渣、牛粪做起，就能把生态农业这个大事做好。

circular agriculture【循环农业】运用物质循环再生原理，实现减排和增收的农业生产方式。

deep processing【深加工】已经形成的商品在原有基础上进行再次制造，使其更具价值。

菲律宾玛雅农场：循环型农村典型

近一二十年来，在世界范围内，生态农业的研究、实验和推广，无论是发达国家还是发展中国家，甚至在贫困落后的国家中都已展开，形成了一种普遍性的国家农业运动，已成为当代世界农业发展的历史潮流与必然趋势。

菲律宾位于热带季风气候区，气温高，日照强，雨量充足，发展农业的条件十分优越。在政府大力支持倡导及农业科技人员的努力下，生态农业得到了很快的发展，成为菲律宾农业发展的重要途径。玛雅农场位于菲律宾首都马尼拉附近，从20世纪70年代开始，经过建设，农场的农林牧副渔生产形成了一个良性循环的农业生态系统。玛雅农场最初只是一个面粉厂，从20世纪70年代开始，经过10年建设，形成了一个农林牧副渔良性循环的生态系统。农场主为了充分利用面粉厂产生的大量麸皮，为了不浪费麸皮，建立了养殖场和鱼塘；为了增加收入，又建立了肉食加工和罐头制造厂，对畜产品和水产品进行深加工。到1981年，农场拥有36公顷的稻田和经济林，饲养5万头猪、70头牛和1万只鸭。为了控制粪肥污染和循环利用各种废弃物，他们陆续建立起十几个沼气生产车间，每天产生沼气十几万立方米，提供了农场生产和家庭生活所需要的能源。又从产气后的沼渣中，回收一些牲畜饲料，其余用作有机肥料。产气后的沼液经藻类氧化塘处理，再送入水塘养鱼养鸭。最后，再取塘水、塘泥去肥田。农田生产的粮食又送面粉厂加工，进入又一次循环。像这样一个大规模农工联合生产企业，不用从外部购买原料、燃料、肥料，却能保持高额利润，而且没有废气、废水和废渣污染。该农场合理地利用资源，形成了农林牧副渔生产良性循环的农业生态系统，实现了生物物质的充分循环利用，成为世界农业循环经济的典型。良性循环，变废为宝，提升价值，是他们抓住的关键环节，也是他们值得赞叹和推广的成功经验。

循环农业重在科学管理。循环农业的尺度有部门、社会、区域三个层次：部门层次主要指以一个企业或一个农户为循环单元；社会层次意味着"循环型农村"；区域尺度是按照生态学的原理，通过企业间的物质、能量、信息集成，形成以龙头企业为带动，园内包含若干个中小企业和农户的生态产业园，菲律宾玛雅农场是一个成功的生态产业园典范。

循环农业体现了当今科学技术发展的水平。像玛雅农场这样一个大规模农工联合生产企业，不用从外部购买原料、燃料、肥料，却能保持高额利润，而且没有废气、废水和废渣的污染。这样的生产过程由于符合生态学原理，合理地利用资源，充分实现了生物物质的循环利用。

菲律宾是东南亚地区开展生态农业建设起步较早、发展较快的国家之一，玛雅农场是一个具有世界影响的典型，1980年，在玛雅农场召开了国际会议，与会者对该生态农场给予高度评价。生态农业的发展在这时期引起了各国的广泛关注，无论是在发展中国家还是发达国家都认为生态农业是农业可持续发展的重要途径，玛雅农场模式成为被争相学习和模仿的榜样。

【点评】循环经济其实就是循环利用资源，用高科技来完成，用新观念来统领，用新变化来展现。

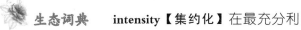

生态词典   **intensity【集约化】** 在最充分利用一切资源的基础上，更集中合理地运用现代管理与技术，以提高工作效率。

biological oxidation【生物氧化】 在生物体内，从代谢物脱下的氢及电子，通过一系列酶促反应与氧化合成水，并释放能量。

深圳农业园：又绿又美有特色

  深圳绿美特农业园是一座已经粗具雏形的循环经济猪场。农业园位于惠东花镇，离深圳市中心80公里、惠东县30公里、白花镇10公里的山陵地带，场内除山谷及沿公路200亩外，基本无平地；园内东部为水库，蓄水能力为100万立方米，养殖规模为一年15万头。

  根据该地区的地形及环境要求，农业园在污染治理上确定了以下几个基本原则：一是整个农业园的排水必须严格达标，才能向北排放；二是必须严格保护水库，不能使水库污染；三是充分循环利用污染物中的物质和能量，开发效益性的污染治理工艺。由于猪场的水库周围是山岭，并且在水库的径流区，所以水库周围山坡不设置猪舍，把山作为天然屏障。猪舍安排在整个农业园的山岭南部，这种安置既能利用山峰隔住污水及污浊空气，猪舍又设在向阳山坡，同时满足了防疫的要求。水库东部原有松树林，植被全部保留不予改变，保持良好的环境。对原有桉树林全部改造开发梯田，种果树600亩，包括龙眼、荔枝、橄榄、芒果、梅子，另种有甜竹200亩，山谷开鱼塘130亩，这些果树及养鱼每年可消化粪肥约1000吨。

在污染物治理方面，本着循环经济的原则，农业园根据自身的实际情况，采用了以下工艺路线：首先粪便干选，干选出的粪便进行堆肥。农业园内设有肥料场一座，将粪便发酵后制成有机复合肥料，这些肥料主要供应深圳市绿化用，部分供应蔬菜生产地，因此没有多余粪肥污染环境。以水库为中心的东片与以养猪生产区和排污处理区为中心的西片应尽量远离，使猪场污染物和污水不会流入水库保护区。多年生产证明，水库水质仍能保持清澈见底，水源得到了良好的保护，整个生产基地与环境协调发展，实现了生态的良性循环。肥料场粪便污水经格栅固液分离后进入厌氧发酵池，厌氧发酵池共设两座，每座1500立方米，每天可处理污水1500立方米，发酵后的沼液经沉淀及生物氧化处理后，需要灌溉时引水上山，不需时排入鱼塘，排放水全部达到国家污水综合排放标准。厌氧发酵池日产沼气2000立方米，全部用于发电，解决了农业园日常生产和生活用电问题。

农业园高度集约化的生产可以在科学的物流技术安排下，较好地解决饲料、猪屎、排泄物和水等物料大量流动所产生的系列问题，为兽医卫生防疫创造较好的条件，并大大提高生产效率。绿美特农业园不仅使生态环境得到保护并有了发展，"物尽其用，地尽其利"，而且单位面积的经济产值也迅速提升。在开发以前，农业园内主要是单一的低价值的桉树林业，经济效益低，平均每亩仅百元；开发后全年总产值可达到8000万人民币，每亩山地平均产值达到16000元，而且产品达到了多元化。通过种植、养殖的有效结合实现污染物的回收利用，深圳绿美特农业园真正走出了一条符合中国国情的养殖业循环经济之路。

【点评】发展都市农业循环经济对减少对环境的破坏和污染，提高农产品质量等有特别重要的意义，也是农业可持续发展的趋势。在这方面，深圳农业园起到了很好的示范作用。

生态词典 **organic rice**【有机水稻】草本类稻属植物粳、糯等谷物的统称。

Symbiosis【共生】两种不同的生物生活在一起，相依生存，对彼此都有利。

镇江试验"稻蛙共作"新模式

稻田四周围起1.7米高的挡板，稻田上空拉起防鸟网。这是江苏省镇江新区天泽生态农业园内"稻蛙共作"有机水稻种植的新模式，也是生态农业的好模式。

我国在2001年就引进了"稻鸭共作"技术，但"稻鸭共作"有些不足，就是鸭子主要吃食稻田的杂草，虽然也能吃掉一些害虫，还是会出现虫害。而青蛙是捕虫能手，一只青蛙一天能捕食七八百只各类害虫。在农药未被广泛使用时，青蛙就是水稻除虫的最主要方式。而因为农药的广泛使用，现在水稻田中已很少见到青蛙，这就需要施用更多的农药，形成恶性循环。进行"稻蛙共作"算是一种"古为今用"，同时还有利于农业生态的修复，可谓一举多得。150亩水稻田共放养了本地黑斑蛙和南昌虎纹蛙两种青蛙，各约30万只。当然施放时是蝌蚪。尽管这一年是近十年来镇江稻飞虱重灾年，但这150亩水稻没有出现一点虫害。

专家通过大田试验，研究了在"稻蛙共作"生态农业模式下土壤中各种形态氮素的动态变化状况。试验结果表明，施肥后土壤中各种形态氮素含量达到最大值，随着时间逐渐增加，其含量均逐渐降低，在"稻蛙共作"系统中，土壤中氨氮浓度显著升高，可溶性有机氮含量显著降低，而硝态氮浓度相当。"稻蛙共作"还同时衍生了副产业。青蛙除了捕食稻田中的害虫外，还要喂蚯蚓，而蚯蚓本身具有较高经济价值；同时，青蛙也要栖息，水稻田埂四周种植的黑豆、秋葵等农作物，其根部即是青蛙良好的栖息场所，其本身也具有较好的经济价值。"稻蛙共作"良好效果已经显现。这种模式在江苏省乃至全国为首创，值得推广。目前已接到许多客商的订单，指名需要"稻蛙共作"大米。

"稻蛙共作"还有一种扩大的新产品"稻鸭蛙共作技术"。"稻鸭蛙共作"是指，将雏鸭和青蛙放入稻田，利用雏鸭旺盛的杂食性，吃掉稻田内的杂草和害虫：青蛙是捕虫能手，小鸭吃不到的害虫被青蛙消灭了。这样就大大地减少了病虫的危害。鸭的粪便既可以作为肥料，同时也可以作为青蛙、蝌蚪的饲料。在稻田有限的空间里，生产无公害、优质、安全的大米和鸭肉。同时，因为稻田给青蛙提供了生活空间，使青蛙在稻田里能够无忧无虑地生长，保护了大自然，建立了新的生态平衡关系。等水稻抽穗时，将鸭子赶出来，让青蛙继续留在稻田里，再到稻田收割时，让青蛙自由放生，回归大自然。在自然界青蛙也有十多种天敌，因此"稻鸭蛙共作"水稻田四周建有高高的蓝色挡板。稻田中还竖立着一根根立杆，支撑起一张巨大的防鸟网，为青蛙避免蛇、白鹭、灰鹭等天敌侵害。

还可发展"稻—鳅—虾"轮作、套养生态共作模式，就是对农田进行简单改造，在稻田中套养泥鳅，利用泥鳅来影响沉积物—水界面的颗粒态、溶解态物质的分布及转化，以促进水稻对营养物质的吸收和生长。利用青虾生长周期短并可生活、生长在较浅的水体中等生物学特征，在水稻收割后稻田的赋闲时间轮作青虾养殖。

【点评】创新才能出成果，才能有作为。试验的是模式，展现的是智慧，留下的是财富。

organic farming【有机农业】采用有机肥满足作物营养需求的种植业，或采用有机饲料满足畜禽营养需求的养殖业。

pesticide residue【农药残留】农业生产中一部分农药直接或间接残存于产品、土壤和水体中的现象。

阿根廷有机产品亮丽南半球

　　阿根廷是有机产品出口大国，目前，全国有300万公顷土地用于生产这种产品。其产品90%出口，主要输往欧洲和美国，年出口额达到4000万美元。有机产品价格比普通产品高50%以上，利润较高。世界需求以每年20%的速度增长，现在世界市场需求每年为200亿美元。因此，阿根廷从事有机产品生产的农户迅速增加，产量增长很快，2001年增长66%，之后遇到经济危机仍然增长20%。

　　阿根廷地处南半球，可以反季节向北半球的欧洲国家和美国供应产品，这是一个有利条件。阿根廷全国地势西高东低，西部是以安第斯山为主体的山脉，东部和中部的潘帕斯草原是著名的农牧业区，北部查科平原多沼泽、森林，南部为巴塔哥尼亚高原。阿根廷河流湖泊众多，为阿根廷提供了丰富的水利资源。从19世纪七八十年代至今，阿根廷农牧业蓬勃发展，小麦、稻谷、玉米、果树、棉花等作物的种植面积成倍增加；同时，随着欧洲对畜产品需求的上升，养牛业和养羊业迅速发展。阿根廷扶持农业发展的措施包括向农牧业提供巨额的贷款，政府补贴贷款利息的3%，减免部分农业生产资料和农产品的附加税，允许农牧业生产者延期和分期偿还所欠债务，加强控制农牧业生产所需化工产品的质量和价格等。

阿根廷大豆等农产品的生产和出口在全球占有较大份额。据阿根廷国家统计局公布的数字，2003年度，阿全国大豆产量达3500万吨，出口收入达73亿美元。阿根廷在大豆生产中的科技投入，充分体现了国际农业科技发展的两大方向：一是以生物工程为代表的高科技，二是以实用性为主的普通技术。1992年，阿根廷政府就推出了生物技术促进政策。政府专门成立了农业技术研究中心，致力于开发高质高产农业品种，目前阿根廷的大豆、棉花等农产品中，已经有相当一部分采用了转基因种子，其产量和抗病能力大大提高。由于单位产量的成本下降，市场竞争力明显提高，阿根廷大豆的出口量逐年上升。

生物工程可以提高农作物的抗病虫害能力、培育农作物新品种，从而大大提高农业生产力。大豆生产中的高科技主要包括转基因大豆和有机大豆两个方面。为了提高农产品的国际竞争力，阿政府专门出台了促进生物技术政策，鼓励开发高质高产农业品种。有机农业不用化肥和化学农药，看似很"土"，但实际上对科技的要求很高，尤其是在不使用化学农药的前提下解决病虫害问题一直是个大挑战。阿根廷采取的办法是把有机大豆田与普通大豆田分离，以尽量隔离病毒和害虫的传染，另一个办法则是开发非化学的生物农药。生物技术的另一个重点是研发无公害农药，鼓励发展有机农业。针对养蜂业，阿根廷研发了能为欧洲标准所接受的无害蜂药，从而解决了抗生素残留问题。此外，阿根廷还按照国际先进标准建立了一套自己的质量监控体系，不达标的不出口。经过这些努力，目前阿根廷的有机农产品出口量已经仅次于澳大利亚，占全球第二位。其中一些新鲜水果，如梨、柠檬、苹果等的出口量都居世界前列。

【点评】中国和阿根廷同属发展中国家，也都是农业大国。尽管中国与阿根廷的国情有所不同，但都面临着许多共同的问题。阿根廷在推广有机农业、利用生物技术改进品种等方面的先进技术，可资中国学习和借鉴。

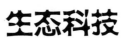

生态科技

SHENG TAI KE JI

新加坡推行"新生水"技术

"新生水"源自新加坡，就是对污水进行再循环处理，使之清洁并可供人饮用的水。作为一个面积不到700平方公里的岛国，新加坡的淡水资源十分贫乏，其人均水资源占有量居世界倒数第二位，480多万居民的日常生活和生产用水主要靠存储雨水及从邻国马来西亚进口。从国家战略安全考虑，为避免供水危机，新加坡政府坚持开源与节流并举的方针，提出开发四大"国家水喉"计划，即雨水收集、淡水进口、海水淡化和污水再利用，其中的污水再利用项目就是"新生水"项目。

其实，"新生水"的启示很简单，只要善于利用，污水就可以是一种资源，污水也应该成为一种重要的水资源。

新生水的主要水源是生产生活污水。新加坡没有地下水，但由于地处热带，每年雨水丰沛，于是新加坡政府在全国境内修建了一个精密的排水蓄水网络，使全岛变成了一个"巨型雨水水库"，运作相当有效：下雨时，雨水流入各地排水渠或阴沟，然后从四面八方逐渐汇集到几个主要的蓄水池，最后被输送至水处理厂，变成工业用水和饮用水，每一滴都获得了"新生"。新生水的生产利用了微过滤和逆渗透两项先进技术。整个生产过程分为三步，先用微过滤把污水中的粒状物和细菌等体积较大的杂质去掉，然后用高压将污水挤压透过反向渗透隔膜，将已溶解的一些较小杂质过滤出来，最后再经过紫外线消毒，就得到了可循环利用的新生水。经过专家鉴定，新生水各项指标都优于目前使用的自来水，清洁度至少比世界卫生组织规定的国际饮用水标准高出50倍。

"新生水"是新加坡著名的水处理公司凯发集团的得意之作。该公司2007年曾获得"斯德哥尔摩水工业奖"，是亚太地区最大的以膜分离为核心技术的环保企业，其供水量能满足新加坡35%的水需求。废水回收、过滤、再生，使每一滴水都有超过一次的用途——新生水的面世给新加坡人民带来了无限的惊喜。2002年8月初，在新加坡国庆37周年前，新加坡新生水技术的研发正式宣告成功，令新加坡国人分外自豪，当地媒体称之为"新加坡生存的里程碑，对新加坡未来水供影响深远、意义重大"。时任新加坡总理的吴作栋为"新生水"主持面世仪式。刚开始时，新生水主要用于工业，但短短3年后的2006年，当地民众大多已接受新生水为饮用水，百姓对新生水的需求不断攀升。

由于节水成效卓著，新加坡国家水务管理机构即公用事业局，在2006年"第五届世界水大会"上，囊括国际水协会颁发的年度三项大奖。目前新生水主要供应给工商业用户使用，另有5%左右的新生水被注入国家蓄水池（库），与自然水混合，最后再处理成饮用水。目前新加坡共有五座新生水厂，所生产的新生水差不多能够满足全岛30%的用水总需求。

2003年，新加坡建立了勿洛和克兰芝两座新生水厂，新生水开始投入大规模批量生产。新加坡现有四座新生水厂，每天可提供20多万立方米的新生水，已经提前三年达到了预计要在2010年实现的目标，即新生水产量占全国供水总量的15%。

新生水的开发成功，给新加坡带来了显著的社会经济效益。首先是节约了工业用水。尽管新生水可以安全饮用，但目前主要应用于冷却系统用水和芯片制造、制药等需要高度纯净水的行业。其次是节省了居民的生活

99

成本。新生水的生产成本是海水淡化成本的一半，价格比自来水还便宜，并且随着技术的不断进步和生产规模的不断扩大，其生产成本还有进一步下降的可能。最重要的是，新生水的诞生，使新加坡在污水治理领域走在世界前列，成为国际水业界公认的以科技创新解决水资源困境的成功实践者，也使新加坡在水资源开发方面不仅能做到自给自足，而且也有可能成为水资源输出国。

【点评】水的再生利用，是当下、未来我国生活污水处理必须面对的挑战，也将是破解我国水资源短缺问题的重要途径。从全球范围来看，水资源短缺已经成为各国普遍面临的问题，再生利用污水是大势所趋。认识污水的再利用价值，早准备、早实践，才能在未来发展中掌握主动。

biofuel【生物燃料】 泛指由生物质组成或萃取的固体、液体或气体燃料，是可再生能源开发利用的重要方向。

greenhouse effect【温室效应】 大气能使太阳短波辐射到达地面，但地表向外放出的长波热辐射线却被大气吸收，这样就使地表与低层大气温度增高。

美国生物燃料走非粮路线

如何帮助汽车工业摆脱对石油的依赖，从而缓解温室气体排放，已经成为能源和环境领域的核心研究问题之一。所以，在不少国家，燃料乙醇已经被用来代替传统的交通能源（汽油、柴油）。通过在汽车燃料中混合一定比例的生物燃料乙醇，不仅可以降低温室气体的排放，同时也能降低二氧化硫等污染物的排放。

据了解，在美国，已有20%的玉米被用于生物燃料生产，欧盟65%的油菜籽、东盟35%的棕榈油被用于生物燃料生产，而在生物燃料乙醇工业发展最成熟的巴西，乙醇燃料几乎已完全取代传统化石燃料。

特别是美国能源部和农业部在2008年更是联合发布了一个《美国国家生物燃料行动计划》，旨在进一步加速生物燃料工业的发展。该计划提出要加大生物燃料的用量，要求到2017年，可再生燃料(主要是生物燃料)的用量要达到350亿加仑。

2010年2月3日，美国总统奥巴马呼吁加快美国生物燃料的开发。之后，环保署出台规定，确保实现国会设定的2022年美国生物燃料年产量达到360亿加仑的目标；而目前美国每年的生物燃料产量约为120亿加仑，大部分为利用玉米生产的乙醇燃料。

为促进生物燃料的发展，美国政府还采取滚动财政补贴。在生物燃料推广初期，美国各州政府实施财政补贴政策，生物柴油补贴50美分/加仑，乙醇汽油为51美分/加仑，近几年，随着市场规模的增大，国际油价的上涨，生物燃料的价格竞争力有所提高，补贴减少。对于种植生物燃料所需原料，如大豆、玉米的生产，各州政府也给予一定补贴。

发展第一代生物乙醇最主要的瓶颈在于占用农作物耕地。在2007—2008年度，美国用于生产生物乙醇的玉米种植面积为2700万英亩，而玉米总种植面积为9000万英亩，主要农作物总种植面积为3.25亿英亩。也就是说8%的种植面积生产了大约90亿加仑乙醇，而这仅仅占汽油消费量的6%。

按照2007年能源独立法案规定的生物燃料在2012年和2022年分别达到150亿和360亿加仑计算，美国大约需要的额外耕地为1800万和8100万英亩。这就意味着总耕地面积在10年之内将必须从3.25亿英亩迅速上升到4亿英亩，大约相当于英国加爱尔兰的国土面积，而这显然是不切实际的。

目前美国生物燃料的研发，主要以原料的"非粮化"为重点。在乙醇汽油研发方面，根据美国"生物燃料行动计划"的安排，美国将设立基金支持以各种生物质为原料的乙醇汽油生产技术的开发，特别是将更多地关注除玉米之外的其他生物质原料，如碎木块、秸秆和草本植物等，扩大原料资源，降低成本。

在生物柴油研发方面，加大对以木本植物为原料的研发。目前美国生产生物柴油的原料有大豆和菜子油、餐饮废油等，主要原料是大豆。美国已有3家公司从事以其他木本植物为原料生产生物柴油的技术研究，在2015年全面进入产业化生产，这极大地增加生物柴油的原料供应。

针对生物燃料的发展，美国政府提出下阶段需要解决的问题：进一步扩大生产规模；通过采用纤维素生物质原料，降低乙醇成本；加快多种生物质为原料的工艺开发，拓宽生物柴油的原料渠道；加大基础设施的建设力度，保证大规模生物燃料装置的建设并进入市场；加大市场推进的力度；对生物燃料，各州政府应给予高度的重视和更多的努力。

为了防止第一代生物乙醇引发耕地和粮食问题，美国规定2022年的360亿加仑生物燃料必须大部分来自于第二代纤维素乙醇。从2013年到2022年，纤维素乙醇年产量将从10亿加仑扩大到160亿加仑。

今后美国燃料乙醇生产将更多地关注除玉米之外的纤维素等其他生物质原料，生物柴油将更多地以木本植物为原料。

【点评】中国未来的能源发展道路，将在很大程度上对全球能源市场和减缓温室气体排放的格局产生重大和广泛的影响。特别是现在中国已经成为全球汽车市场增长最快的区域之一，而且很有可能在未来几年内成为全球汽车生产和销售的最大国，所以，在中国，车用能源的研究已经成为中国能源和环境领域的核心问题之一。

生态词典   green computing【绿色计算】符合环保概念的计算机主机和相关产品，具有省电、低噪声、低污染、低辐射、材料可回收及符合人体工程学特性的产品。

data center【数据中心】全球协作的特定设备网络，用来在Internet网络基础设施上加速信息的传递。

云计算引领世界绿色IT

在人们环保意识达到空前高度的21世纪，新能源、减排、绿色经济这些话题越来越多地出现在我们面前。在关注重工、矿物开采、加工、交通运输等传统行业能耗的同时，我们忽视了IT这一新型行业的异军突起。

目前IT相关的排放已经成为最大的温室气体排放源之一，2007年产生的碳排放为8.6亿吨，且该领域的排放势头还在快速增长。"绿色计算"正是人们为降低其使用的信息技术硬件能耗所作出的努力，譬如考虑电力消耗、空间占用、热耗散等因素，达到节能、环保的要求。传统方式之一就是在设施不用时关闭电源或限制服务器的电源消耗。

云计算就是绿色计算的一种，它具有集中资源、降低能耗的特点，是用数以万计的服务器打造一个蕴藏无限计算能力的"计算池"，人们不用在本地做计算，也无需知道计算能力是由哪一台服务器提供，就可以直接通过互联网满足自己的计算需求。云计算的核心思想，是将大量用网络连接的计算资源、系统、软件作为一种服务来提供，随用随取，可以运行在提供公共服务的硬件设备上，减少实际的IT资源投入。调查显示，到2020年，使用云计算可以使全球数据中心的能源消耗量降低38%。另据调查发现，对于大型且能效高的企业而言，将商务应用转移到云上可以降低30%左右的碳排放量，对于中小型且能效不高的企业来说可以降低约90%。云计算可以帮助企业每年降低123亿美元的能源成本，这意味着连续10年每年减少8570万公吨二氧化碳的排放。

当前，绿色云计算引起世界各国的高度重视，各类相关技术迅猛发展。比如，欧盟资助的"欧洲云服务器研究项目（Eurocloud)"取得重要成果。该项目总投资540万欧元，其中，欧盟资助330万欧元，为期三年。由来自英国、比利时、瑞士、芬兰和塞浦路斯的研究人员组成的研究团队研发出一个特殊的3D微芯片，通过低功耗微处理技术，可以极大地削减云计算数据中心服务器的用电量和安装成本。初步测试的数据显示，使用该芯片的服务器与常规服务器相比可减少90%的能耗，可减少数据中心用户数十亿欧元的开支，同时，使更多的欧洲企业有能力投资建设数据中心。此项研究成果进一步巩固了欧盟在"绿色"计算领域的卓越地位。

云计算对于中国，其实是一次难得的大机遇。众所周知，在中国IT行业中的主导力量是外企。国内企业无论核心技术、研发实力、企业机制和战略眼光，都乏善可陈。唯一具有国际竞争力的华为和中兴，优势主要在电信行业，企业IT领域如果按原来的格局一步步来，要走的路还很长。

可是，云计算激发了技术大变革，行业技术竞争的焦点转向了数据中心计算，在这些技术领域，国内产业界尤其是互联网公司和一些创新创业企业，相比以往，与国际巨头的差距大大缩小了。技术的开源和开放性，更给我们继续缩小差距乃至后来者居上，创造了机会。

然而，这种机遇的窗口期不会太久。微软与世纪互联联手让Azure在华落地之后，Amazon等国外云服务厂商预计也会接踵而至。云计算本质上是全球化的，也就是说，最好的技术和服务，如果没有人为阻挡，会通吃全球。此外，云计算还直接与大数据密切相关。数据作为新时代的战略资源，意味着具有产权和主权的性质，最终很可能起到决定性作用。

最终的竞争成败，将系于大生态系统的建设。我们的生态系统是否健康，是否有利于创新和创业，有利于个人才能的充分发挥，将起到决定性的作用。从这个角度来看，国内目前有希望成为云计算平台、成为生态系统主导的公司其实非常少。中国需要有更多具有生态系统意识的企业和个人。什么时候，像Link Cloud、Ucloud、七牛、又拍、监控宝、stdyun、华云网际、云杉网络等这些企业能够有更加宽松适宜的环境，顺利地成长起来，中国的云计算就有希望了。

【点评】人们对IT能耗的担忧引出绿色计算这一概念，云技术的兴起适时提供了解决方案，但如何正确引导绿云的发展方向，提高市场接受度，以及深入研究其技术底层，仍是当前全球环保大主题下的重要一课。

生态词典　energy saving and emission【节能减排】节约物质资源和能量资源，减少废弃物和环境有害物排放。

carbon capture【碳捕捉】捕捉释放到大气中的二氧化碳，压回到其他安全的地下场所。

清洁煤技术助推加拿大节能减排

燃煤技术依然在向前发展。"清洁煤"概念经常被提及，概念释义之一是指清洁利用煤炭的方法。

超临界压力煤粉燃烧技术：加拿大的Genesee3号机组以煤炭为燃料发电，在2005年3月1日正式开始商业运营，具有较好的代表性。G3是加拿大第一个使用超临界压力煤粉燃烧技术的电厂。几乎所有电厂都用煤粉燃烧技术，即在燃烧之前把煤转化成煤粉，以便燃烧得更完全。G3不同于那些机组，将水加热到临界温度然后给蒸汽锅炉以压力，这提高了电厂的效率，与传统燃煤电厂相比燃料消耗率（以及温室气体排放量）减少了18%。G3机组配备了污染控制设备，运营商也承诺购买碳补偿，以减少温室气体的排放水平，达到联合循环天然气发电设施水平。G3是加拿大第一个超临界燃煤机组，该技术对现有电厂来说十分先进，并在美国、欧洲和亚洲得到了应用。因此，超临界燃煤电厂对新电厂来说是一个低风险的选择。

流化床技术：PA是加拿大唯一的商业流化床电厂。该技术在燃烧煤粉时混合了石灰石以吸收硫，同时降低燃烧温度减少氮氧化物的形成。然而，低温也降低了整体效率，因此与同样电量产出的超临界燃煤电厂相比，流化床电厂消耗较多的燃料，并产生更多的二氧化碳。

整体煤气化联合循环发电技术：还有一种先进的燃煤发电技术叫整体煤气化联合循环发电技术。IGCC电厂使用气化炉把煤转化成合成气，即一氧化碳和氢气的混合物，然后燃烧驱动燃气轮机。IGCC的优势不仅仅是提高了电力生产效率，还在燃烧之前从燃料中去除了硫和重金属等有害物质。高效率的结果是低的燃料消耗及温室气体排放。

现在少数的IGCC试点电厂已经在其他国家建成，气化煤的基本技术以及联合循环电厂已经分别被证实，二者结合仍是新技术，增加了建设成本的不确定性和对可靠性的关注。目前，平准化发电机组的成本预计将高于超临界燃煤技术15%～20%。如果足够的经验不断地积累，IGCC有潜力成为燃煤发电的首选技术。

碳捕捉与封存技术：即使技术有了改进，温室气体排放依然是燃煤发电的关键，所以碳捕捉与封存技术（CCS）将扮演重要角色。现在有若干潜在的碳捕捉与封存技术，包括在燃烧后从废气中洗涤二氧化碳，或者在发电前从燃料中分离二氧化碳。前者效率较低，但是如果二氧化碳洗涤器遇到技术问题，电厂可以正常运营；后者即燃烧前洗涤通常涉及在一个IGCC电厂中把二氧化碳捕获和气化技术结合起来。这种方法更为有效却把电厂运作和碳捕捉设备捆绑在一起，使电厂丧失了独立运作的能力。

一旦二氧化碳已收集，便通过管道运送到储存区，即一些特殊的地质结构中。如在开采的或已经枯竭的石油、天然气储藏区，或者深部盐碱咸水层。在加拿大多数省份均有合适的二氧化碳储存区，其中阿尔伯塔是碳封存的绝佳候选省。

潜在技术的发展，大大减少了燃煤发电对环境造成的影响。这些技术能否帮助燃煤发电比核电、天然气发电等拥有成本优势，则仍有待观察。

基于相关的能源报告，燃煤电厂的装机容量可能从目前的大于16000兆瓦稳定地下降，在2030年达到10000兆瓦。由于安大略省要逐步淘汰煤炭，传统煤电将减少，同时IGCC技术将在阿尔伯塔和萨斯卡特彻温省得到相对广泛的应用。除了安大略省以外，燃煤发电在别的省区依然扮演重要角色。

目前，领导加拿大新燃煤发电发展的是阿尔伯塔省。阿尔伯塔省的Keephills3电厂于2011年9月正式运营，其装机容量为450兆瓦，使用与G3一样的超临界压力煤粉燃烧技术。同时，安大略省还计划增加现存燃煤电厂的机组容量。2007年10月12日联邦政府和阿尔伯塔省政府承诺与EPCOR公用事业公司、加拿大清洁电力联盟（CCPC）成为合作伙伴，投资3300万美元调研相关工程，一座500兆瓦的IGCC电厂已于2015年运营。

萨斯卡特彻温省已经研究了运用富氧燃烧过程技术的300兆瓦清洁煤电厂可行性，该技术可捕获电厂排放的90%二氧化碳，但是成本的不确定性、需求高于预期的快速增长导致该省最终选择天然气发电厂代替燃煤电厂。但是在萨斯卡特彻温省宣布翻新改造Boundary Dam3电厂3号机组，为其装配碳捕捉与封存设备时，之前的清洁煤电厂工程重新被提上日程，并在2015年投产100兆瓦。

由于日益增加的环保压力，安大略省已在2015年前退役6000兆瓦的燃煤机组。

安大略省电力局已经制定了煤炭替代方案，包括综合电力系统计划。阿尔伯塔省也计划在未来十几年内退役2500兆瓦的老旧燃煤机组，计划用类似IGCC机组以及油砂的热电联产代替退役机组。如果建议的核电厂可以在阿尔伯塔省建设，这将极大地减少燃煤电厂的使用，然而油砂的发展放缓却为燃煤发电提供了更多的机会。

【点评】发展低碳经济，保护生态环境固然重要，但是发展环保技术也应当结合我国的国情。如果与我国经济发展现状相背离，可以考虑延后发展。主要还是应当在我国现有的经济基础上，发展适合我国国情的环保技术，不应当盲目跟风，跟随发达国家发展高成本清洁技术。

细菌发电呈现未来可能

　　细菌发电，即利用细菌的能量发电。细菌发电的历史可以追溯到1910年。当年，英国植物学家马克·皮特首先发现有几种细菌的培养液能够产生电流。于是他以铂作电极，放进大肠杆菌或普通酵母菌的培养液里，成功地制造出世界上第一个细菌电池。1984年，美国科学家设计出一种太空飞船使用的细菌电池，其电极的活性物质是宇航员的尿液和活细菌。不过，那时的细菌电池放电效率较低。

　　直到20世纪80年代末，细菌发电才有了重大突破，英国化学家彼得·彭托在细菌发电研究方面才取得了重大进展。他让细菌在电池组里分解分子，以释放出电子向阳极运动而产生电能。在糖液中他还添加了某些诸如染料之类的芳香族化合物作稀释剂，来提高生物系统中输送电力的能力。在细菌发电期间，还要往电池里不断充入空气，用以搅拌细菌培养液和氧化物质的混合物。利用这种细菌电池效率可达40%。这已远高于目前使用的太阳电池效率，况且其还有再提高10%的潜力可挖。只要不断地给这种细菌电池里添加糖，就可获得2安培的电流，且能持续数月之久。但是要很多的糖，如果把细菌放入甘蔗，也许可以做一个甘蔗电池。

2012年1月，美国宇航局向海军研究实验室航天器工程学部门的格雷戈里·斯科特颁发了一笔研究经费，帮助其进行用于微型行星探索机器人的细菌供电技术的初步研究。如果取得成功，未来的微型机器人行星探险家将采用有效而可靠的微生物燃料电池，无需科学家进行干预。

利用细菌发电原理，可以建立较大规模的细菌发电站。计算表明，一个功率为1000千瓦的细菌发电站，仅需要10立方米体积的细菌培养液，每小时消耗200千克糖即可维持其运转发电。这是一种不会污染环境的"绿色"电站，而且技术发展后，完全可以用诸如锯末、秸秆、落叶等废有机物的水解物来代替糖液。因此，细菌发电的前景十分诱人。

现在，各个发达国家各显神通，在细菌发电研究方面取得了新的进展。美国设计出一种综合细菌电池，里面的单细胞藻类可以利用太阳光将二氧化碳和水转化为糖，然后再让细菌利用这些糖来发电。日本科学家同时将两种细菌放入电池的特种糖液中，让其中的一种细菌吞食糖浆产生醋酸和有机酸，而让另一种细菌将这些酸类转化成氢气，由氢气进入磷酸燃料电池发电。

在淡水池塘中常见的一种细菌也可以用来连续发电。这种细菌不仅能分解有机污染物，而且还能抵抗多种恶劣环境。他们的发现有两个与众不同之处：首先是发电的细菌属于脱硫菌家族，这个家族的细菌在淡水环境中很普遍，而且已被人类用于消除含硫的有机污染物；其次是在外界环境不利或养分不足时，脱硫菌可以变成孢子态，而孢子能够在高温、强辐射等恶劣环境中生存，一旦环境有利又可以长成正常状态的菌株。用这种细菌制成的燃料电池，只要有足够的有机物作为"食物来源"，电池中的细菌就能通过分解食物持续释放出带电粒子。

有国外媒体报道，用细菌制成的电池很快将会为我们的电子产品提供电能。科学家已经发现，可以把细菌体表蛋白生成的能量收集起来，作为电能。这项重大突破将会导致由细菌产生的清洁电流，或称"生物电池"诞生。该研究成果发表《美国国家科学院院刊》上，它显示，细菌接触到金属或者是矿物质时，它们体内的化学物质就会生成电流，并通过细胞膜流出体外。这意味着可以把细菌直接"束缚"到电极上，这一发现表明人类又向成功制出高效微生物燃料电池迈进了一大步。

人们还惊奇地发现，细菌还具有捕捉太阳能并把它直接转化成电能的特异功能。美国科学家在死海和大盐湖里找到一种嗜盐杆菌，它们含有一种紫色素，在把所接受的大约10%的阳光转化成化学物质时，即可产生电荷。科学家们利用它们制造出一个小型实验性太阳能细菌电池，结果证明是可以用嗜盐性细菌来发电的，用盐代替糖，其成本就大大降低了。由此可见，让细菌为人类供电已经不再遥远，不久的将来即可成为现实。

【点评】人类的能源越来越短缺，开发新的能源是当今急需的课题，目前已实现了细菌发电。科学家预言，21世纪将是细菌发电造福人类的时代。

生态词典　base【碱基】指嘌呤和嘧啶的衍生物，是核酸、核苷、核苷酸的成分。

big data【大数据】或称巨量资料，指的是所涉及的资料量规模巨大到无法透过目前主流软件工具，在合理时间内达到撷取管理、处理的资讯。

大数据时代下的DNA硬盘

2011年，美国市场研究公司IDC发布报告称，当年全球数据产生量1.8万亿GB，相当于每个美国人每分钟写3条Twitter，总共写了2.6976万年。而根据市场调研机构Data Center Knowlege 2010年的非精确统计，估算全球运行的服务器数量超5000万台。IDC则预测，今后10年，用于存储数据的全球服务器总量还将增长10倍。大数据时代汹涌而来，我们开始思考如何高效地存储数据。

2013年1月，欧洲生物信息研究所（EBI）的科学家周三宣布，DNA将成为最实用、大容量、低维护的存储介质。理论上来说，只需4克DNA就能够储存每年创造出来的所有数字数据，而且有效存储时间超过1万年。

在此之前，2012年8月，哈佛大学的研究人员成功开发出"DNA硬盘"：可将约700TB的数据存储进1克DNA中。1克DNA不到一滴露珠大小，其数据存储量却相当于1.4万张50GB容量的蓝光光盘，233个3TB的硬盘（重量达151千克）。显然，现在世界上任何存储设备都无法与DNA相提并论。

　　早在2007年，生物学家就把枯草杆菌作为实验对象，将信息植入其DNA，一个细菌能够存储1/5的《圣经新约》（该书约有100万个英文字母），数据保存时间可达数百至数千年。

　　而2012年1月，德国的一个联合科研团队以三文鱼DNA材料为基础，制造出可单次写入多次读取的存储器，不过这种设备最多只能将数据保存30个小时。

　　DNA硬盘是一项用人工合成的脱氧核糖核酸(DNA)存储文本文档、图片和声音文件等数据的技术。DNA存储数据的关键是DNA碱基。DNA有4个化学基团，即核碱基，它们按照特定顺序排列，组成遗传信息，指导生物体生长发育。研究人员开发的DNA数字存储系统同样利用这4个碱基"字母"，开发定制代码，完全区别于生物体所用"语言"。当复制一份计算机文件时，DNA数字存储系统首先把硬盘信息中的二进制数翻译成定制代码，然后借助标准DNA合成机器制造出相应的碱基序列。这一序列并非一个长分子，而是多个重复片段，每一个片段携带一些索引细节，明确各自在整体序列中所处位置。分子生物学实验室用来读取生物体DNA的标准设备可以读取信息，当即呈现在电脑屏幕上。

　　目前，囿于储存空间的紧缺，网站的资料备份通常只会保存数月乃至数周。等到DNA存储技术成熟，我们就可以把全人类的信息资料都存储起来，几百公斤的DNA就能够胜任这个"全人类"的工作。

　　研究人员认为，一些不常用却需要保存的信息，譬如政府文件、历史档案等，尤其适合用DNA存储。不过，鉴于实验室合成DNA分子的成本，现阶段用它来存储信息"惊人地昂贵"，据估计，目前用DNA进行数据编码的成本为12400美元/MB，读回原数据还要再加220美元/MB。按现时的技术，排列DNA和阅读DNA需要一两周时间，因此，这种技术并不适合各项需要实时读取数据的工作。但是按照现时的趋势看，排列DNA成本在十年内将下降20%，使50年内的DNA储存在经济上变得颇为可行。如果DNA合成的费用如预期般地在未来十年内下降两个数量级，那么DNA数据存储的成本不久就会低于磁带存储。

值得一提的是，能通过合成DNA的方式存储数据，这得益于一种名为微流体的技术。这是一种在微观尺寸下控制、操作、检测复杂流体的技术，是在生物工程等领域内新发展起来的学科。

在这项技术被广泛应用前，人类基因组为了研究一个含有30亿对碱基的人类DNA组花费了数年时间，在微流体芯片的帮助下，这项工作只要几小时就能完成。这也使得DNA硬盘的广泛应用成为可能。

但是需要注意的是目前DNA存储依然还有比较明显的技术瓶颈，DNA链相对比较脆弱，DNA中的细胞可能会对DNA链造成一定的破坏，所以传输数据时需要特别的小心，而现在技术方面需要优化的就是如何满足高速的DNA数据流存储，至于DNA硬盘将会在什么时候出现并让用户可以在市场上购买到，这就是一个非常遥远的事情了。

【点评】由于编码存储和读取过程太过昂贵，DNA存储离商业化还有很长的一段距离。不过，这一实验至少为解决未来的数据存储难题指出了一个方向。

degradable【生物可降解的】某一化合物可被微生物和其他生物过程所分解。

green plastics【绿色塑料】对人类无害、对环境无公害的塑料产品，且无论回收或燃烧皆符合环保需求，故可被称为绿色塑料。如可作为轻量化要求的汽车材料，绿色环保的建筑材料，等等。

中国推行生物降解塑料

生物降解塑料对于公众来说并不陌生。早在2008年北京奥运会期间，组委会就使用了7种规格的全生物降解塑料袋500多万个，这些袋子仅经过一个多月的堆肥处理就能够被完全降解。生物降解塑料既有传统塑料的功能和特性，又能在自然界微生物的作用下被降解，最终全部转化成二氧化碳、甲烷、水及其所含元素的矿化无机盐以及新的生物质等。总而言之，生物降解塑料被认为是石油基塑料的理想替代品。在包装、电子、运输、纺织、医疗等方面的应用都具有巨大的潜力。

按降解机理的不同，生物降解塑料可分为不完全生物降解塑料和完全生物降解塑料。其中不完全生物降解塑料是指在常规塑料中通过共混或接枝混入一定量的（通常为 10%–30%）具有生物降解特性的物质，这种塑料在大自然中不能完全降解。完全生物降解塑料是指在使用中能保证与常规塑料相近的物理力学性能，废弃后能被自然界中的细菌、真菌等微生物分解成低分子化合物，并最终分解成水和二氧化碳等无机物的高分子材料，因此起到了很好的保护环境的作用，所以又被称为绿色塑料。

生物降解塑料主要的目标市场是塑料包装薄膜、农用薄膜、一次性塑料袋和一次性塑料餐具。相比传统塑料包装材料，目前新型降解材料成本稍高。但是随着环保意识的增强，人们愿意为保护环境而使用价格稍高的新型降解材料，环保意识的增强给生物降解新材料行业带来了巨大的发展机遇。随着我国经济的发展，成功举办奥运会、世博会等多项震惊世界的大型活动，各世界文化遗产及国家级风景名胜所在地保护的需要，塑料造成的环境污染问题愈发被重视，各级政府已将治理白色污染列为重点工作之一。

如今，生物降解已经成为塑料制品的最大卖点。据欧洲生物塑料协会统计，2010年全球生物塑料产量70万吨，2011年突破100万吨，2015年全球产量达到170万吨。在我国，淀粉基塑料制品以及生物基材料加工设备也都开始出现供不应求的局面，热塑性淀粉和植物纤维模塑已经实现产业化，其他生物聚合物如尼龙、聚乙烯等也已有中试生产。

据中国塑协降解塑料专业委员会的统计，2011年我国生物基材料及降解制品总产量约45万吨，比2010年增长约30%。2011年产值3000万元以上企业超过40家，产值超过3亿元企业在5家以上，规模以上企业实现主营业务收入40亿元左右。

从《2013—2017年中国生物降解塑料行业深度调研与投资战略规划分析报告》数据分析，近年来，欧、美、日等发达国家和地区相继制订和出台了有关法规，通过局部禁用、限用、强制收集以及收取污染税等措施限制不可降解塑料的使用，大力发展生物降解新材料，以保护环境、保护土壤，其中法国2005年即出台政策规定所有可拎一次性塑料袋在2010年后必须可生物降解。

同时，我国也陆续出台了多项政策鼓励生物降解塑料的应用和推广。2004年全国人大通过了《可再生能源法（草案）》和《固废法（修订）》，鼓励再生生物质能的利用和降解塑料的推广应用；2005年，国家发改委第40号文件明确鼓励生物降解塑料的使用和推广；2006年，国家发改委启动关于推广生物质生物降解材料发展的专项基金项目；2007年1月1日实施的《降解塑料的定义、分类、标识和降解性能要求》得到了欧洲、美国和日本等国家和地区的互认，为我国企业出口产品提供了便利。

【点评】在我国，随着对降解塑料理解的加深，已充分认识到这种材料及其产业对我国可持续发展的战略作用。可生物降解塑料的普及应用已是众望所归。

中国打造坚强智能电网

当前，在应对国际金融危机的过程中，为抢占未来经济、科技发展制高点，发达国家普遍加快了新能源、新材料、信息网络技术、节能环保等高新技术产业和新兴产业的发展。从能源供应的重要环节——电网的发展来说，则大力推进智能电网建设，智能化成为世界电网发展的新趋势。在绿色节能意识的驱动下，智能电网已经成为当前全球电力工业关注的热点，引领了电网的未来发展方向。

智能电网，就是电网的智能化，也被称为电网2.0，它是建立在集成的、高速双向通信网络的基础上，通过先进的传感和测量技术、先进的设备技术、先进的控制方法以及先进的决策支持系统技术的应用，实现电网的可靠、安全、经济、高效、环境友好和使用安全的目标。智能电网是把电力市场上所有相关实体连接在一起的输电和配电网络。智能电网覆盖了从发电到最终用户用电的整个能源转换链。智能电网把分散的大型和小型发电商和电力用户都整合到一个总体结构中。智能电网还具有很高的透明度和灵活性，允许最终用户作为产销合一的"生产消费者"参与能源市场的活动。

中国国家电网公司在2009年5月21日首次公布了智能电网计划，其内容有：以坚强智能电网以坚强网架为基础，以通信信息平台为支撑，以智能控制为手段，包含电力系统的发电、输电、变电、配电、用电和调度各个环节，覆盖所有电压等级，实现"电力流、信息流、业务流"的高度一体化融合，是坚强可靠、经济高效、清洁环保、透明开放、友好互动的现代电网。

2009～2020年国家电网总投资3.45万亿元，其中智能化投资3841亿元，占电网总投资的11.1%，未来10年将建成坚强智能电网。2009～2010年为规划试点阶段，重点开展坚强智能电网发展规划工作，制定技术和管理标准，开展关键技术研发、设备研制及各环节的试点工作。2011～2015年为全面建设阶段，加快建设华北、华东、华中"三华"特高压同步电网。初步形成智能电网运行控制和互动服务体系，关键技术和装备实现重大突破和广泛应用。2016～2020年为引领提升阶段，全面建成统一的坚强智能电网，技术和装备全面达到国际先进水平。

随着经济社会持续快速发展，我国电力需求将长期保持快速增长。预计到2020年，我国用电需求将达到7.7万亿千瓦时，发电装机将达到16亿千瓦左右，均为现有水平的2倍以上。同时，随着科技进步和信息化水平的不断提高，电动汽车、智能设备、智能家电、智能建筑、智能交通、智能城市等将成为未来的发展趋势。只有加快建设坚强智能电网，才能满足经济社会发展对电力的需求，才能满足客户对供电服务的多样化、个性化、互动化需求，不断提高服务质量和水平。比如，可以为客户提供实时电价和用电信息，引导客户合理用电，提高能源利用效率，实现用电优化、能效诊断等增值服务；可以为今后电动汽车、智能家电的使用提供方便、快捷、高效的服务。

关于智能电网的发展，世界各国有其不同的出发点，其中共同的目的无疑是应对气候变化，解决能源安全、能源可持续供给和电网自身的升级换代和改造等问题，加之智能电网对于经济发展的带动作用，各国迅速掀起智能电网研究和建设的热潮。

智能电网建设对于促进节能减排、发展低碳经济的重要意义在于：首先，支持清洁能源机组大规模入网，加快清洁能源发展，推动能源结构的优化调整；其次，引导用户合理安排用电时段，降低高峰负荷，稳定火电机组出力，降低发电煤耗；第三，促进特高压、柔性输电、经济调度等先进技术的推广和应用，降低输电损失率，提高电网运行经济性；第四，实现电网与用户有效互动，推广智能用电技术，提高用电效率；第五，推动电动汽车的大规模应用，促进低碳经济发展，实现减排效益。

与传统电网相比，智能电网是绿色能源的配置平台，通过清洁能源分布式接入、提升能源利用率，降低碳排放量，实现节能环保。智能电网重视实现电网与用户之间的双向互动，更加清洁、高效、安全、经济，既保证了用户用电的安全性和经济性，又提高了电网设备的使用效率，同时极大地促进节能减排。

【点评】推动智能电网，是推动清洁能源发展的重要举措。作为生产与生活必不可少的电力能源，在服务与建设"美丽中国"的进程中，以建设绿色环保的智能电网为核心，必然有着大可作为的广阔空间。

生态词典　**anaerobic bacteria【厌氧菌】**在无氧条件下比在有氧环境中生长好的细菌，而不能在空气和10%二氧化碳浓度下的固体培养基表面生长的细菌。

domestic sewage【生活污水】城市机关、学校和居民在日常生活中产生的废水。

北京采用"红菌"处理污水

　　污泥，本是污水处理时甩不掉的副产品，难闻、有害，可能造成二次污染。如今，污水处理厂不再有污泥，靠的是一种叫"红菌"的东西。

　　20年前，一种被称作"红菌"的微生物在荷兰被发现，产生了一场现代水处理领域的技术性革命。"红菌"，学名"厌氧氨氧化菌"，这种古老得几乎与地球同龄的原始菌群，1亿个攒在一块也就一个芝麻粒大，却能"吃"掉10倍于自己体重的氨氮污染物，而且几乎不产生污泥。"红菌"通过生物化学反应，可以将污水中所含有的氨氮转化为氮气去除，而这种技术与传统脱氮技术相比，不需投加碳源，可大幅减少能源消耗、建设费用、运行费用和温室气体排放。

　　20世纪，全球人口增两倍，人类用水则激增五倍，约12亿人用水短缺，水资源短缺尤其是水质性缺水成了世界共同面对的资源危机。生活、工业、农业污水是污水主要来源，污水处理顺理成章成为新兴朝阳产业。污水生物处理的实质就是通过微生物的新陈代谢活动，将污水中的有机物分解，从而达到净化污水的目的。污水处理在水质改善的同时，还要求所采用技术低能耗、少资源损耗，厌氧氨氧化与亚硝化工艺相结合的氮的完全自养转换方式是一种最可持续的污水脱氮途径。

由于"红菌"的培养难度极大，周期很长，该技术一直停留在实验室阶段，如何将之规模应用于污水治理实际中，也是国际公认的难题。目前，在全球也仅有10余座大型厌氧氨氧化废水处理厂。2002年，历经三年半的调试，荷兰鹿特丹建成的世界上第一座生产性质的完全厌氧氨氧化污水处理反应器，才最终达到稳定运行状态。厌氧氨氧化反应器启动过程实质是其内微生物活化和增殖的过程，由于厌氧氨氧化菌11天才能完成一个倍增，污泥产率系数较低，活性又易受到氧的抑制，启动时间通常要半年。

北京排水集团在高碑店污水处理厂内建立了国内首个自主知识产权的"红菌"脱氮生产性示范工程，每天可处理100立方米的污水，相当于一个小型的污水处理厂。

传统污水处理，需要大量占地建设曝气池用于脱氮，而采用"红菌"去除氨氮污染物，不用再建曝气池，既减少占地，又环保经济。北京排水集团经历7年实验攻关，在高碑店污水处理厂设计运行的新型复合式生物膜厌氧氨氧化工艺，解决了"红菌"培养和富集的难题，技术达到世界顶尖水平。

在突破关键技术的基础上，排水集团还建立了国内首个具有自主知识产权的红菌脱氮生产性示范工程，成功实现了生产性规模的厌氧氨氧化菌的富集和纯化，使厌氧氨氧化菌纯度达到90%以上，氨氮去除率达95%以上，打破了这一世界先进技术在国内自主研发的空白。可实现工业污水处理过程中节省占地30%、节省建设费用40%、节省运行费30%、降低温室气体排放量90%以上。"红菌"技术的应用使得北京在工业污水处理上达到国际先进水平。

2012年9月，研发中心"红菌"培育基地投入使用，基地主要作用为快速培养厌氧氨氧化菌生物膜和颗粒，为工程应用进行必要的菌种储备，该基地每年最多可生产填料450立方米，足够处理3.6万立方米垃圾渗滤液所用。据排水集团介绍，该项技术为北京市大规模生产高品质再生水提供了决定性的技术支持，将广泛应用于北京市污水处理厂升级改造项目中。

据测算，"红菌"的技术如果能在全市范围内应用，可节约建设费用5亿元，每年节约污水处理运行成本5000万元。按照北京市每天处理垃圾渗滤液2000立方米，每立方米处理成本为50元左右计算，"红菌"脱氮技术的应用可使得单位处理成本降低30%以上，每天可节约3万元，仅垃圾渗滤液处理这一项一年就能够为北京的污水处理节约运行成本上千万元。

【点评】随着城市化进程的加快，污水处理日益成为每个城市市政的一大难题，新技术的运用可以化害为利，将污水处理变成水的循环使用，与此同时，节约成本，减少污染，这是新技术革命为生态文明作出的根本性贡献。

 **roof greening【屋顶绿化】**在各类
古今建筑物、构筑物、城围、桥梁
等的屋顶、露台、天台、阳台或大
型人工假山山体上进行造园，种植
树木花卉。

**urban green coverage【城市绿化
覆盖率】**城市各类型绿地（公共绿
地、街道绿地、庭院绿地、专用绿
地等）合计面积占城市总面积的比
率。

北京力推痕量灌溉技术

在钢筋混凝土的都市，让植物在高楼立面上生长铺展成为绿色丛林，是我们所有远离自然的都市人的梦想。这个梦想因为一个新技术的诞生而成为现实。

2011年国庆，在北京长安街边出现了"北京记忆"嵌草牌楼，牌匾、花板和楼顶栽植五色草、四季海棠和佛甲草等植物，牌楼的结构复杂，有多处不规则的形状，灌溉技术难度很高。对于这种悬空的植物，传统的滴灌渗灌灌溉技术只能是水从空处不断地淋下，远超过植物需求才能浇灌到不同位置的植物，成为"水帘牌楼"，既污染周围环境又埋藏安全隐患，这一灌溉难题也是室内外立体绿化推广中难以逾越的技术障碍。

立体花坛核心技术体现在灌溉方式，如何做到高空给水，既满足植物需求，又不滴水污染地面，影响景观，是横亘在技术人员面前的难题，国内外一直没有找到适当的解决方案。一般来说，立体花坛厚度一般不超

过20厘米，内部可承装的基质量少，持水和保水能力低，水量太大会发生渗漏，水量不足植物会萎蔫甚至枯死。如今，这一难题被我国自主发明的痕量灌溉技术解决了。自此，痕量灌溉技术引起社会各界的普遍关注。之后，北京屋顶绿化协会力推该技术，使其在空间绿化行业发挥出更大的作用。

痕量灌溉技术是目前世界上最先进的灌溉技术，其利用毛细管力原理，结合膜过滤技术，形成特制的纳米纤维控水头，每个控水头每小时的水流量可以控制在1毫升至200毫升，因而得名"痕量灌溉"。痕量灌溉技术的发明人诸钧，带领研究团队历经十余年的努力，打破了西方发明的以滴灌为代表的微灌技术四十年来在节水灌溉领域的垄断，创造了远低于滴灌出水量的痕量灌溉技术，实现了一种能够和植物需水特点完全匹配的灌溉方式，即植物需要多少水就供给多少水。使用这种技术灌溉比滴灌节水50%以上，为我国这样一个缺水大国的可持续发展提供了重要的技术支撑。此项技术由北京市农委经过近三年的试验，取得良好的效果，组织鉴定结论为该技术在节水效率、抗堵性和无需动力可长距离均匀供水等方面达到了国际领先水平。

这一最新技术的成功应用，为清洁安全的室内外立体绿化、屋顶绿化、墙体绿化扫清了障碍。除了应用于立体花坛，痕量灌溉技术在园林领域有广阔的应用前景。首先痕量灌溉适合于垂直绿化等微灌无法使用的领域，在满足植物需求的前提下避免渗漏，同时减轻系统的重量，可用于开发室内外立体花园；其次在屋顶绿化、草坪、行道树等场所，采用痕量灌溉技术可比滴灌等其他技术节水50%以上，且可与雨水收集等其他技术结合，进一步减轻城市园林用水压力；再次采用痕量灌溉技术，可以方便地发展家庭园艺，不必担心污染墙壁，也省去了因浇水过多或者忘记浇水而造成植物死亡。如果大面积推广应用该系统，不仅可以大幅降低园林用水量，而且可有效降低PM2.5含量、提高城市绿化率及舒适性。

除此之外，痕量灌溉在矿山修复、荒漠化治理、生态改良及农业灌溉等领域应用潜力巨大。业内专家认为，我国存在大量因干旱而不能利用的荒地，尤其在一些干旱山区，难以进行农业种植和林业利用，加之过度放牧加剧草场荒漠化，生态恢复又极其困难。痕灌耗水量少，铺设距离长，只需很少的外部能源辅助，就可以在这些地区进行农业及林业种植与开发，可恢复甚至增加可耕地面积。比如，内蒙古鄂尔多斯的沙荒地区，有200亩杨树在干旱缺水的情况下，不仅顽强生存了下来，而且呈现出勃勃生机。过去连灌木都很难种植成活的地方，现在创造出盎然绿意的，正是这种全新的节水灌溉技术。

【点评】水是生命之源，其对人类社会的重要性不言而喻。而我国水资源量供需矛盾突出，利用方式却较为粗放。有鉴于此，在农业这个耗水量较大的产业中如何让水资源得到最大限度的利用，一直是人们关注的话题和努力的方向。痕量灌溉技术不仅攻克低流量下滴头堵塞这一世界难题，更折射出国家科技的崛起。

生态建筑

SHENG TAI JIAN ZHU

microclimate【微气候】室内环境属于人们日常生活的小环境，这种特定环境下的小气候我们称之为微气候。

heat island effect【热岛效应】一个地区的气温高于周围地区的现象。用两个代表性测点的气温差值（即热岛强度）表示。

香港首座零碳建筑——"零碳天地"

"零碳天地"是香港首座以低碳环保为主题的建筑群体，这片耗资4亿港元打造的城市绿洲，包括一栋集绿色科技于一身的两层高建筑，以及环绕其四周的全港首座原生林景区，通过绿色设计和清洁能源技术，不仅成功消灭建筑自身的碳足迹，还有多余电力回馈城市电网。

"零碳天地"用太阳能、生物柴油自行发电。位于主建筑地下一层的生物柴油发电装置，是"零碳天地"的心脏，心脏里的血液全部是提炼自食用废油的百分百生物柴油。生物柴油通过特制设备发电，发电的余热被用来制冷，制冷后的余热再用来除湿，形成发电、制冷、制热的三联供。从而充分利用能源，能源利用率达70％，而传统的发电厂发电只有约40％的能源利用率。生物柴油燃烧后产生的二氧化碳比传统燃料少很多。此外，生物柴油源自植物，植物在生长过程中吸收二氧化碳。"零碳天地"每年使用6万升生物柴油，每年发电不仅足以负担整座建筑每年能耗131兆瓦小时，还有多余。

"零碳天地"把剩余的能源回馈电网，以抵消建造过程及主要建筑材料本物制造和运输过程中所使用的能源。以每年运作计算，"零碳天地"每年制造的能源，将会高于建筑物营运时消耗的能源。项目主要的设计特色是运用了被动式建筑设计，可减少20%能源消耗，达到节省能源的目的。而建筑物位置、座向及形态均经过巧妙设计，考虑到微气候的研究，尽量采用该处的大自然热能及通风。此外，建筑物锥状和长形的形态，能同时增加室内的空气流通和采光，并减少建筑物吸收到太阳热量。而内部的对流通风布局，可增强自然通风，达到减低空调需求的目的。外墙方面，采用了高性能外墙和玻璃及室外遮阳，降低建筑物总热传值。项目设计概念高度结合了再生能源科技及建筑技巧，充分体现了环保效益。

同时，透过全面的可持续发展规划及高绿化率，"零碳天地"可改善微气候，其建筑外形可有助缓冲附近的频繁交通造成的环境滋扰。绿化区占"零碳天地"总面积逾50%，栽种的树多达370棵，其中超过300棵为本地品种。园境设计可吸收二氧化碳和提升降温效果，估计可降低空气温度1~2摄氏度，减低城市热岛效应，同时为该处及邻近的道路提供自然的遮阴。

项目采用最先进的环保建筑设计及技术，当中包括多项首次在港应用的技术，包括捕风器、地下预冷管、高流量低转速吊扇、冷梁冷却系统及除湿设计。此外，光伏板和生物柴油推动之三联供系统和先进的BEPAD系统，可高度节能。建筑物灵活的设计，可应付不断发展的低碳及绿色建筑的技术及要求，可随时添加高科技的设施，以迎合零/低碳科技不断转变及其需求。设计团队采用了逾80项的尖端环保建筑设计，提升建筑物的空间、结构和建筑系统的适应性。为有效进行全面的建筑管理，安装了超过2800个智能监测仪器，可实时透过BEPAD系统评估效益，向各持份者提供信息。团队特别设计了简易接口，参观人士可用BEPAD系统查阅实时效益评估数据，现场亦设置4个微气候监测站，可向参观者提供实时环境信息。

"零碳天地"标志着香港绿色建筑的一个新里程，向本地及世界各地的建造业界展示先进的零碳科技，鼓励业界在建筑项目中加入绿色及低碳元素，推动可持续发展。同时，亦可提高市民对可持续生活模式的认知，倡导低碳生活方式。场地将开放予公众参观，推动及实践环保，预期每年可接待高达40000访客人次。"零碳天地"获得了2012年度环保建筑大奖（新建建筑类别）、2012年BIM大奖、2012年世界建筑奖入围项目等。

【点评】"零碳天地"是香港绿色建筑运动的新里程碑，它向市民和业界发出一个强而有力的信息，就是减少能源消耗才可以创造优质生活环境。

生态词典　**affordable housing【保障性住房】**
政府为中低收入住房困难家庭所提
供的限定标准、限定价格或租金的
住房。

**environment friendly products【环
境友好产品】**在产品的整个生命周
期内对环境友好的产品。

美国圣何塞济旭家庭公寓

济旭家庭公寓位于美国圣何塞市中心，占地6690平方米，原址为一座加油站。基地西侧的道路上建有城市轻轨，除轻轨西侧为住宅区外，基地的另外三面均为商业、酒店与学校等服务设施。这个项目采用了混合居住的模式。除向圣何塞的中低收入阶层提供了35套保障性住房外，项目中还包括地下车库、公共洗衣房和社区学校等公共服务设施，以及建筑物底层的1家便利店与1个美发沙龙。

这个项目的建筑设计遵循着与环境高度协调的策略。为了消解建筑物过大的体量，建筑师在4层高的建筑中插入了6片斜面，使之在与周边住宅建筑取得良好联系的同时区别于周边大体量的公共性建筑。而斜面中穿插的透光性吸音板不仅隔绝了西侧轻轨线带来的噪音污染，也保证了西侧住户的充分采光。除了透光板与玻璃窗，建筑物的外立面大量采用了加州地方常见的青灰色的水平向外墙装饰板。与透光板以及其后隐藏的阳台组成的外立面光影丰富、清新活泼又不失地方特色。

可持续设计贯彻于这个项目的全过程。针对工业废地（含地下油库的加油站）的原用地性质，这个项目使用了特殊的土壤清理措施，避免了建设过程中可能对地下水造成的污染。而取消地面停车也有效地减少了雨水冲刷地面可能造成的地下水污染。建筑物屋顶布置了30kW的光伏电板为建筑物的公共区域提供20%的能源需要。建筑物中同时应用大量节能设施，如双层墙、双层玻璃窗、雨水收集、节水龙头和洁具、独立电表、高效的供暖与通风系统等。据计算，相比传统住宅该幢建筑可以节约36%的用水与21%的能源消费。

对于居住者的关怀也体现了绿色建筑的精神。鉴于低收入者通常没有私家车，需要社区帮助，以及健康情况较差等实际情况，开发商安排了一系列的针对性措施。这些措施包括：为所有居住者提供了免费公交卡（Eco-pass）和社区学校；将35%的居住单元按照无障碍标准设计并预留给有身心障碍的居住者；所有的建材甚至黏结剂均达到低挥发性无毒的环保标准；乃至全加州第一家在所有室内环境中实施禁烟措施等。

可持续策略同样体现在设计与建造管理方面。第一社区住宅公司雇用了一个相对固定的本地团队，其中包括了建筑师、营建商与分包商。由于长期合作，这些本地公司形成了默契并节省了大量的沟通时间。在团队稳定的同时，开发商通过控制建设时间达到了物流与建材成本的控制。在济旭家庭公寓开工的同时，开发商在40英里外开展了另一个项目。据估计仅此一项就为这两个项目降低了2%~3%的建设成本。

【点评】保障性住房作为政府主导建设的项目，按照绿色建筑的标准进行建设，既可大幅提高中低收入群体的居住舒适度、改善住房品质，使普通群众充分享受经济社会发展、科技进步的成果。

2010年上海世博会世博轴

　　世博轴是中国2010年上海世博会主入口和主轴线，地下地上各两层，为半敞开式建筑。世博轴是世博会一轴四馆五大永久建筑之一，是一个集商业、餐饮、娱乐、会展等服务于一体的大型商业、交通综合体。世博轴也是世博园区最大的单体项目，由上海世博土地控股有限公司负责建设，由德国SBA公司设计，上海华东建筑设计研究院和上海市政工程设计研究总院完成施工图设计，工程位于浦东世博园区中心地带，南北长1045m，东西宽99.5m~110.5m，地上80m，基地面积16万㎡，总建筑面积22万㎡，总造价近30亿，为鸟巢及水立方的总和。世博轴贯彻生态和谐、节能环保的设计思路，采用国际领先的新材料、新技术，运用先进的组织管理方法，世博轴的建设全过程是"绿色世博、节约世博、科技世博"理念的最佳实践，并荣获"全球生态建筑奖"。

　　世博轴的空调系统是利用黄浦江的江水能源，采用江水源提供了大部分空调能源，其中江水源占70%、地源占30%。夏天，江水源热泵和地源热泵作为空调系统冷热源，省去了冷却塔补充水；冬天，江水和地埋管散热器作为热泵系统的高温热源或低温热源。通俗地说，是用江水源热泵和地源热泵取代了传统的带有冷却塔的冷水机组和锅炉，用江水取代了空气进行换热。夏天，我们把热气传导至黄浦江水里；冬天，则从江水里吸收热量，这种空调系统有助于减轻城市的热岛效应。尽管由于换热作用江水在夏天吸收了热量，冬天排出了热量，但是由于流量很大，所以江水的温度并不会因此受到影响，生态系统也不会因此遭到破坏。世博轴是世博园区内唯一一个全部使用地源热泵技术的空调冷热源系统集成的项目。经初步测算，世博轴自来水替代率达到50%以上，运行费用比常规空调系统降低20%以上，空调冷却水节约率100%。而且世博轴利用开敞的楼层促进空气与结构之间的热交换，保证建筑的冬暖夏凉，春秋季自然通风节能率50%以上。

世博轴有着6个被称为自然光收集器的巨大钢结构"阳光谷"，同时也是世界第一的索膜结构建筑。这些独特的建筑形式也带来了令人意想不到的功能。它不但把阳光从40多米的空中"采集"到地下，也把新鲜空气运送到地下，既改善了地下空间的压抑感，还实现了节能。此外，雨水也能顺着这些广口花瓶状的玻璃幕墙流入地下二层的积水沟，再汇向7000立方米的蓄水池，经过处理后实现水的再利用。这些水将满足"阳光谷"两侧下沉式花园的灌溉，并可用作厕所冲洗。据估计，通过"阳光谷"的收集，可以使世博轴的生活用水量打个"对折"，足足省去5万立方米。

【点评】作为世博园区最大的景观轴线，世博轴是上海世博会在绿色建筑方面的一次大胆尝试。除了在建筑造型及交通功能上的巨大突破，世博轴还蕴含了多项先进生态技术，而不能将其视为单纯的交通枢纽。作为整个世博园区内最夺人眼球的建筑之一，它像一朵盛开在中国国家馆身边的美丽"花伞"。

福建永定客家土楼

　　客家土楼，也称福建圆楼，主要分布在福建省的龙岩、漳州，在中国的传统住宅中，客家土楼独具特色，有方形、圆形、八角形和椭圆形等形状的土楼共8000余座，被联合国教科文组织列入《世界遗产名录》，成为中国第36处世界遗产。

　　土楼是原始的生态型的绿色建筑。永定客家土楼采用合院内相围合的建筑形式，建筑内部是通廊式的，没有阻隔。当地人的土楼走廊每户之间是相互分隔的。从平面上看，客家土楼建筑内部中轴对称、对外封闭、对内开放、强烈向心；从立面上看，具有主次分明、层次丰富、秩序井然等特点，这种建筑构造与微气候的调节和空气的净化也息息相关。在炎热的夏季，当太阳刚刚升起的时候，厚厚的生土墙体遮挡日照，庭院中的空气和周围的房间升温较缓慢。因此内院上空的热空气不能进入庭院，只是在庭院中形成涡流，这样内院就被视为"蓄冷的水库"。而在傍晚的时候，土楼内院的空气由于白天直接受到太阳辐射加热而上升，被上空的冷空气所替代。冷空气积聚在庭院中，形成空气的层流。并逐渐渗透到周围的房间中，发挥冷却作用。在空气净化方面，厚厚的土墙阻止了地表的灰尘进入，空气中的尘埃多是比空气重的分子，往往漂浮在离地面较近的区域。而土楼的院落内外的空气对流多在楼顶的高度，来自高处优质的自然空气不断地替换院落内的浊气。在炎热的夏季，夕阳西下之时，经常会看到成群的蜻蜓盘旋在院落的上空，足以证明土楼的院落内部空气的优质。加上院落内是厨房，土灶所产生的高温使得院落内外形成压力差，这样就更加强了院落内上空的空气对流，形成有利于调节的微气候环境。院内空气始终保持清新自然，营造了宜人的居住环境，显现出客家先民的民间智慧。

永定客家土楼一般为3～4层，底层为厨房，大多数客家土楼的厨房设在院子的中央，和家祠并置一起，所以我们经常说到的家族"香火不断"也许和这种内部构造有某种联系。土楼常年的烟熏，使得二层的谷仓干燥且不生虫。夏天也避免了蚊虫的叮咬，福建地处亚热带，而客家土楼又多是依山而建，夏天的蚊虫自然少不了，但厨房的炊烟如同一个大的蚊香，驱赶蚊虫。一层的厨房和二层的储藏室对外不开窗，三层以上的卧室才开内大外小的窗户，当然这也是为了防御的需要。卧室设在三、四层，高爽通风，成功地营造了楼内冬暖夏凉的小气候。

永定客家土楼的居住者也是建造者，他们尽可能地在周围环境中获得建筑材料。所以靠山与靠海的土楼在材料的选择上也不尽相同，靠海的土楼在生土中加入海蛎壳或生蚝壳以增强牢固性，靠山的土楼生土中混合了瓦砾或碎沙石。由于永定属于山区，平地狭小，气候潮湿多雨，土楼免不了要在稻田烂泥地中建造，在软土地基上建楼，为了保证不开裂不倒塌，当地人在实践中摸索了一整套用松木交叉连排垫墙基的办法。松木在水中能万年不烂，他们选用油脂饱满的老松木，连排垫底，这样加宽了基底，有效地避免了土楼墙身的不均匀沉陷。建筑内部的木结构主要是采用当地的杉木，在建造之前，先去皮，制成板材后，通过烟熏法，将木材中的水分抽干使其干燥，干燥能防止杉木的变形和开裂，提高力学强度，改善使用性能；另外，还能预防杉木腐朽变质，从而延长杉木的使用寿命。由于这些建筑材料都来自自然，且再生能力强，在使用过程中又很少对环境造成二次污染，并且使用后腐烂成为有机物，重新回归自然。不久后，这里依然绿树成荫，种群繁多，人们照样可以在这块土地上耕种庄稼，循环往复，生生不息，因此客家人延续上千年的建筑活动并没有造成对自然生态的破坏。

【点评】土楼民居建筑中体现了生态适应性。客家土楼民居建筑是人类智慧与自然高度结合的有机产物，从其村落选址、布局、建筑空间结构及材料应用等方面都体现出适应当时自然生态环境和社会生态环境的生态适应性思想。

生态词典 home range【巢域】定居性动物栖息和进行日常生活的空间范围。

human load【人类负荷】特定人群对环境所施加的总负荷。即人口与人均资源消耗量和废物生产量的乘积。说明人类负荷不仅同人口规模有关，同时与总物质和能量吞吐量有关。

洛杉矶黄铁屿的"生态节能屋"

　　黄铁屿博士是一位美籍华人，现任洛杉矶市区重建局高级规划师。他花了五年时间，在亚凯迪亚市八街设计、建造了一幢他家自用的别墅，二层"生态节能屋"。2002年底，美国太阳能协会在全国各地举办了"太阳能屋国家之旅"活动。当时，尚未竣工的这幢"生态节能屋"被人一眼选中，成为南加州地区九栋展示样板之一。现在，黄铁屿的"生态节能屋"成为闻名洛杉矶地区的一幢典型的绿色建筑，吸引了一批又一批参观者。

　　该幢建筑，占地约2万平方英尺，建筑面积5000平方英尺，呈浅棕黄、浅砖红颜色为主调的地中海风格。这幢看似普通的民宅，凝聚了设计者节约能源，保护生态的理念、智慧、专业知识与经验。从庭院布局、房屋设计开始，到材料结构、能源利用等都因地制宜，充分考虑节约能源、保护环境、有益健康、减少排放。其中包括：太阳能光伏、光热运用，雨水收集与中水回用，外墙隔热与通风，窗户采光与外遮阳，浅色屋顶反射隔热，陶砖、竹地板等可循环建筑材料，耐干旱植物花木的节水浇灌等10

多项绿色、环保、生态技术的运用。

以下一些细微之处即反映出主人在节约能源、保护环境方面的用心：

整座房子呈"U"形，坐西朝东，"U"形口朝北，让西北季风正面吹进室内，形成自然风对流，从而减少开冷气的时间，进而减少二氧化碳排放，减少城市的"热岛效应"。6月的洛杉矶，虽然白天已经很炎热了，但是这个"生态屋"却不用开空调，整个夏天最热时开空调也不过六七次。一年下来，这所住宅的能源消耗和二氧化碳排放要比其他建筑大大降低。在院落的北侧有一棵至少70年树龄的橡树，建房时整体设计都是围绕这棵老树展开的，既要保护好树木，又要照顾阳光通透。

屋顶的太阳能发电系统，所发的电最高可达总用电量的一半以上，并且太阳能发电系统自动将其所发电量向加州供电网逆向输送。在白天不用电或用电较少的情况下，电表是倒转的。

门厅的沙发是用草藤、麻绳编织的，房间的窗帘和部分地板都是竹制的，家具与装饰尽量采用天然材料；屋内所有的门都是"旧门"——旧物利用，他将过去用过的门修理刷新后再次使用；房间铺设地板也很有讲究，根据不同朝向、不同功能而使用不同材质的地板。巧妙地利用不同的建筑装修材料，达到既节能环保又有益健康的效果。

生态节能屋周围种植的植物不仅数量茂盛、品种繁多，而且全部采用滴灌方式。门前划有不同类型的"气候带"，有亚热带的芭蕉树和花卉，有干旱类的棕榈树和仙人掌，还有寒带的松树等。不同气候下的花草树木在此和谐共生，显示出生物的多样性。生态节能屋共计种了500多棵乔木树，目的就是为了减少二氧化碳，减缓地球变暖。黄铁屿博士的家不仅外围是绿色的，它更是一个由表及里、节能减碳的生态型绿色住宅。

【点评】黄铁屿的这幢高科技含量的"生态节能屋"，其浓缩的不仅仅限于科技本身，更主要的，是它体现了科技的强烈时代感。这个时代感，就是黄铁屿的现代科技"为我所用"精神。

英国BRE的环境楼

英国BRE的环境楼（Environmental Building）为21世纪的办公建筑提供了一个绿色建筑样板。该大楼为三层框架结构，建筑面积6000㎡，其设计新颖，环境健康舒适，不仅提供了低能耗舒适健康的办公场所，而且用作评定各种新颖绿色建筑技术的大规模实验设施。它的每年能耗和CO_2排放性能指标定为：燃气47kWh/㎡，用电36kWh/㎡，CO_2排放量34kg/㎡。

该大楼最大限度利用日光，南面采用活动式外百叶窗，减少阳光直接射入，既控制眩光又让日光进入，并可外视景观。采用自然通风，尽量减少使用风机。采用新颖的空腔楼板使建筑物空间布局灵活，又不会阻挡天然通风的通路。顶层屋面板外露，避免使用空调。白天屋面板吸热，夜晚通风冷却。埋置在地板下的管道利用地下水进一步帮助冷却。安装综合有效的智能照明系统，可自动补偿到日光水准，各灯分开控制。建筑物各系统运作均采用计算机最新集成技术自动控制。用户可对灯、百叶窗、窗和加热系统的自控装置进行遥控，从而对局部环境拥有较高程度的控制。环境建筑配备47㎡

建筑用太阳能薄膜非晶硅电池，为建筑物提供无污染电力。

该建筑还使用了8万块再生砖，老建筑的96%均加以再生产或再循环利用，使用了再生红木拼花地板，90%的现浇混凝土使用再循环利用骨料，水泥拌合料中使用磨细粒状高炉矿渣，取自可持续发展资源的木材，使用了低水量冲洗的便器，使用了对环境无害的涂料和清漆。

上世纪九十年代末BRE还和Integer等众多公司合作，结合可持续发展、智能科技及创意建筑的三大原则，在BRE内建造了著名的Integer绿色住宅样板房。

住宅Integer建筑为一幢三层木结构住宅，从利用地热和防火安全考虑，三间卧室设在底层，二层为起居室，内分客厅、餐厅和厨房区，三层为书房、活动室和热泵间。为增加空间视觉，三层书房和活动室间内墙采用调光玻璃。

建筑物围护结构达到英国建筑节能设计最新标准（外墙K值为0.3，屋面0.16，楼板0.45，窗采用LOW–E双玻）。外窗设有可遥控的百叶窗，户内门窗上部还设有可调节风口。

该建筑坡屋顶面采用玻璃幕墙架空封闭，其顶面开设天窗和安装两个约1㎡太阳能热水装置，两端天沟设置雨水集中管，并通过中间水循环管道再生利用。其底部设有一层可开启银白色隔热遮阳绝缘层。建筑物基础混凝土采用再生骨料，外墙和地板为旧房回收废料，墙体保温采用由废纸纤维制成的保温材料。

此外，屋内设置家用电器也是由制造商提供的节能产品，如冰箱保温层用真空保温技术，脱排油烟机用电可根据烟气排放量自行调节，洗碗器可程控至电费半价时间区运行，浴缸水位、温度可自动调控。

据测算，该示范建筑，可比传统节能建筑节能50%，节水1/3，其太阳能热水装置可提供60%供热需求。

【点评】21世纪，人类共同的主题是可持续发展。其中对于城市建筑来说，由传统高消耗型发展模式转向高效绿色型发展模式尤为重要，而绿色建筑正是实施这一转变的必由之路，是当今世界建筑发展的必然趋势。

生态词典 **chimney effect【烟囱效应】**户内空气沿着有垂直坡度的空间向上升或下降，造成空气加强对流的现象。

heat recollection【热回收】通过一定的方式将冷水机组运行过程中排向外界的大量废热回收再利用，作为用户的最终热源或初级热源。

英国诺丁汉大学朱比丽分校

1999年建成的诺丁汉大学朱比丽分校新校园，是目前公认的生态建筑标志之一。2001年，该项目获得了英国皇家建筑师协会杂志的年度可持续性奖。

朱比丽校区是在原自行车工厂用地的基础上更新再建的，整个校园的设计将一个废旧的工业重地变成了一个充满生机的公园式校园。整个新校园约41000平方米的建筑面积，可供2500个学生使用。所采用绿色建筑技术措施如下：

基地策略：线性人工湖将建筑与郊区住宅连接起来，成为一处新的"绿肺"。建筑边缘的水渠对水进行自然的回收利用，每年可以收集6000多立方米。

通风设计：在面湖立面的地面层设计许多通风百叶，沿着水面风起冷却的效应，整个气流穿过中庭空间，最后流窜到背面的八个楼梯间立面，由所谓的"烟囱效应"让使用过的气流上升穿过整个圆形，类似烟囱的楼梯间，最后经由一个5米高的铝制风杓（windvane）排放出去，完成整个低耗能、被动式的空气循环动作。朱比丽校园设计所采用的通风策略可以称作热回收低压机械式自然通风，它是一种混合系统，即在充分利用自然通风的基础上辅以有效的机械通风装置。

风斗：它可以在风速2~40m/s之间顺利运作，由周围空气流动所产生的真空效应，让室内空气可以自然地被吸拔出来，也因为尾部有一个类似扰流板的构造，让风杓永远随着不同的风向转动，除了是一个风向旗之外，也让排气的一端永远处在下风处。

遮阳设计：该项目在东、西、南向立面设置了大量木制可动式水平遮阳板，在不阻挡视线的情况下，达到一定的遮阳效果，将整年的室内温度在不借助空调之下，控制在30℃以下。在太阳日照最大的南向立面设置可电动调整的遮阳棚，以避免太阳直射所造成的高温与眩光。

采光策略：水平木百叶，每片上都被漆成白色增强光线的反射被动式红外线移动探测器和日照传感器，并由智能照明中央系统统一控制：当教室有人使用时系统就会自动判断是否使用人工照明，从而代替了人工开关；如果室内有足够的自然光线，人工照明就会自动关闭，从而节约能源。

中庭设计：所有的建筑物皆由具玻璃顶的中庭所串联，整个中庭可以说是一个小型温室，可以在寒冷的冬天储存适当的太阳热能以达到一定的舒适度，并减少暖气的使用。中庭内种满中型植物，由植物保湿遮阴的特性，自动调节室内温湿度，而且让由靠湖面进气口的冷风在进到室内时有预暖的效果，减少寒冷带来的不适与能源浪费。中庭屋顶玻璃所采用的半透明太阳能光电板每年所产生的电能约45000kW·h，足以供应建筑物整年的机械通风电能需求，让机械通风耗能不用依赖石化能源。

低能耗的通风系统：建筑背面楼梯顶上都有一个机械通风系统，形状像一个斗篷帽子，专门用来处理室内气流通风的。原来建筑师打算用自然通风系统，可是考证发现自然风并不能有效地通过建筑教学区，于是就采用了机械系统。尽管建筑在全年大多数时间内都在运行这个系统，但是通过制动控制系统在一些日子内通过打开南边的玻璃和热压效应可以得到良好的自然通风效果。

【点评】在中国大学盲目建设新校区的今天，诺丁汉大学朱比丽分校也许是一个可作参考的低碳校园范本。

清华大学建筑设计研究院办公楼

　　清华大学建筑设计研究院办公楼从1997年开始进行策划，按照设计意图可归纳成缓冲层策略、利用自然能源策略、健康无害策略和整体设计策略。该项设计获得北京市十佳建筑设计方案奖。

　　针对绿色化目标，设计小组在建筑设计和设备采用了多层次的设计策略，在遮阳、防晒、隔热、通风、节电、节水、利用太阳能、楼宇自动化、绿化引入室内等方面采取大量具体措施。

　　总体设计介绍：设计楼建筑平面基本呈长方形，设计紧凑、完整，减少了冬季建筑的热损失。长轴为东西方向，楼、电梯间与门庭、会议室等非主要工作室，布置在建筑的东西两侧，缓解了东西日照对主要工作区域的影响。工作空间划分为大开间开敞式设计工作室区域与小开间办公室，还可以根据不同功能需要加以安排，使工作室的布置具有一定的灵活性。建筑南向是一个3层高的绿化中庭，不但能为员工提供一个生机勃勃的良好景观与休息活动空间，而且可以有效地缓解外部环境对办公空间的影响。

在设计中比较明显的算是在南向的一个体积较大的绿化中庭。虽然那只是一个位于建筑南部的边庭，但是其物理功能内涵较之传统的位于建筑内心的中庭要丰富。在冬季，该中庭是一个全封闭的大暖房。在"温室作用"下，成为大开间办公环境的热缓冲层，有效地改善了办公室热环境并节省供暖的能耗。在过渡季节，它是一个开敞空间，室内和室外保持良好的空气流通，有效地改善了工作室的小气候。在夏天，中庭南窗的百页遮阳板系统能有效地遮蔽直射阳光，使中庭成为一个巨大的凉棚。中庭南侧为全玻璃外墙，上部开设了天窗，从而利用中庭顶部的反射装饰板，保证开敞办公室的天然光利用。中间的"光廊"采用了一部分天空光线，帮助提高设计室的天光照度。

建筑采用缓冲层的概念，即在西向设计一面大尺度的防晒墙，这面由混凝土制成的防晒墙完全与建筑脱开，在夏季与过渡季节，可以完全遮挡西晒的直射阳光。同时防晒墙与建筑主体之间的空隙（5m宽）还有利于室内空气的流通（拔风作用）并可保证主体建筑室内的均匀天光照明。在冬季，防晒墙能有效地遮挡西北风，在阳光照度大的天气甚至还能积蓄热量而成为一个蓄热体，在建筑西侧形成一个热保护层，从而有效缓解外部气温对建筑内部的影响。

该建筑的另一个亮点是对自然能源的利用。

太阳能的利用：使用一部分太阳能光电板为设计楼的报告厅的照明与电器系统提供电能。

深井水利用：设计小组认为大地所蕴含的热量和温度是一个恒定、安全的可替代能源从而是很值得利用的。而目前在对大地能量的应用中，深井水回灌技术是一种比较成熟的方案。

自然通风：设计的基本思路是利用大开间办公室与北侧办公室之间的吹拔空间顶部空气的加热所产生的烟囱效应，在热压和风压的共同作用下，利用自然通风提供一个健康舒适的内部工作环境，并且达到建筑节能与改善室内空气品质的目的。

绿化引入室内：将植被绿化系统引入办公建筑时，不仅仅出于节能的考虑，更是在追求一种努力与自然保持接近的生活。

【点评】"生态觉醒"的浪潮逐渐席卷全球，尊重自然、关注环境、创造健康的生活与消费方式正在成为这个时代的强音。面对全球范围绿色思潮的巨大冲击，一种崭新、健康、富于生气的办公建筑环境正在普及。

生态词典

thermal radiation【热辐射】固体、液体和气体因其温度而产生的以电磁波形式辐射的能量。温度越高，辐射越强。

sunshading coefficient【遮阳系数】玻璃遮挡或抵御太阳光能的能力，也称为遮蔽系数，指太阳辐射总透射比与3mm厚普通无色透明平板玻璃的太阳辐射的比值。

德国柏林国会大厦

柏林国会大厦是一项改建工程，它的前身是具有100多年历史的帝国大厦。两德统一后的1992年，德国决定将国会大厦作为德意志联邦议会的新地址，并为此举行了设计竞赛，世界著名建筑师福斯特及其设计事务所在全球800多名建筑师中脱颖而出。福斯特胜出的重要原因之一是因为他为国会大厦设定了这样的一个改建目标：要将国会大厦改建成一座低能耗、无污染、能吸纳自然清风阳光的典型环保型建筑。柏林国会大厦的改建使人们对生态建筑有了更深刻的理解，对自然资源的合理使用，并进而达到生态平衡。

柏林国会大厦改建后的议会大厅与一般观众厅不同，主要依靠自然采光而且具有顶光，通过透明的穹顶和倒锥体的反射将水平光反射到下面的议会大厅，议会大厅两侧的内天井也可以补充自然光线，基本上可以保证议会大厅内的照明，从而减少了平时的人工照明。穹顶内还设有一个随日照方向自动调整方位的遮光板，遮光板的作用是防止热辐射和避免眩光。

沿着导轨缓缓移动的遮光板和倒锥形反射体都有着极强的雕塑感，有人把倒锥体称作"光雕"或"镜面喷泉"。日落之后，穹顶的作用正好与白天相反，室内灯光向外放射，玻璃穹顶成了发光体，有如一座灯塔，成为柏林市独特的景观。

柏林国会大厦自然通风系统设计得也很巧妙，议会大厅通风系统的进风口设在西门廊的檐部，新鲜空气进来后经过大厅地板下的风道及座位下的风口，低速而均匀地散发到大厅内，然后再从穹顶内倒锥体的中空部分排到室外，此时倒锥体成了拔气罩，这是极为合理的气流组织。大厦的侧窗均为双层窗，外层为防卫性的层压玻璃，两层之间为遮阳装置，侧窗的通风既可以自动调整也可人工控制。大厦的大部分房间可以得到自然通风和换气，空气的换气量根据需要进行调整，每小时可以达到1/2次到5次。由于双层窗的外窗可以满足保安要求，内层窗可以随时打开。

上世纪60年代的国会大厦曾安装过采用矿物燃料的动力设备，每年排放二氧化碳达到7000吨，为了保护首都的环境，改建后国会大厦决定采用生态燃料，以油菜籽和葵花籽中提炼的油作为燃料，这种燃料燃烧发电是相当的高效、清洁，每年排放的二氧化碳仅为44吨，大大地减少了对环境的污染。与此同时，议会大厅的遮阳和通风系统的动力来源于装在屋顶上的太阳能发电装置，这种发电装置最高可以发电40千瓦。把太阳能发电和穹顶内可以自动控制的遮阳系统结合起来是建筑师的一个绝妙的想法。

柏林国会大厦改建中最引人注目的当属地下蓄水层（地下湖）的循环利用。柏林夏日很热，冬季很冷，设计充分利用自然界的能源和地下蓄水层的存在，把夏天的热能储存在地下供冬天使用，同时又把冬天的冷量储存在地下给夏天使用。国会大厦附近有深、浅两个蓄水层，浅层的蓄冷，深层的蓄热，设计中把它们充分利用为大型冷热交换器，形成积极的生态平衡。

在改建国会大厦的设计中，由于广泛使用了将自然采光及通风联合发电及热回收组合起来的系统，由此做到了可用最少量的能量、最低的运转费用取得最好效果，成为德国乃至全世界生态建筑的样板之一。

【点评】福斯特将高技派手法与传统建筑风格巧妙结合，既满足了新的功能要求，又赋予这一古老建筑以新的形象。正如福斯特自己宣称的，他的这个改建工程是一个"生态结构"。这一改建也使人们对生态建筑有了更深刻的理解，可以说是世界生态建筑史上的一个典范之作。

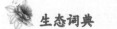
德国巴斯夫"3升房"

"3升房"，意即房屋每平方米单位面积每年消耗3升燃料用于供暖。很长时间以来，德国旧式公寓每年每平方米居住面积消耗逾20升燃料用于供暖，德国将近1/3的基础能源产品要被住宅供暖消耗掉。巨大的能源消耗、高昂的供暖账单让政府部门和住户们头疼不已。

"3升房"项目是世界最大的化学公司——巴斯夫在一幢已有70年历史的老建筑的基础上改造而成的，因其每年每平方米（使用面积）消耗的采暖耗油量不超出3升（相当于当量煤约5千克）而得名。经过现代化改造的老房子，既有商业利益的考虑，更有对自然资源合理利用的责任感。

改造过程中主要采用了加强围护结构的保温性能、设置可回收热量的通风系统、截热技术等措施。为了达到"3升房"的目标，巴斯夫在屋面、外墙、地下室顶板等部位都采用了其在全世界首家推出的Neopor高性能保温板材。Neopor是一种以聚苯乙烯为基材的新型隔热保温材料，该材料为银灰色，其中含有细微的红外线吸收体，与传统的聚苯板材相比，Neopor可以减少20%的厚度，却能得到同样的保温隔热效果。由于Neopor制成的板材更薄更轻，原材料的使用量可减少50%，大大节约了费用和资源。另外，为了提高保温隔热效果，外窗采用巴斯夫生产的充满惰性气体的三玻塑框窗，窗框中充填聚氨酯内芯，提高了保温隔热性能。"内墙变空调"，这也是巴斯夫独创的一项创新专有技术——内墙使用具有"空调系统"作用的相变储能隔热砂浆技术。该项技术只需将这种砂浆抹于房间的内墙表面，作为室内冬季保温和夏季制冷的材料，就可以得到令住户满意的室内热舒适度，而且还不需要昂贵的空调系统。这种隔热砂浆的蓄热作用如同室内空气调节系统，使室内温度平均保持在22摄氏度，湿度保持在40%～60%之间，冬暖夏凉，舒适宜人。

"3升房"对太阳能电池板极为重视，它是整座建筑的"脑袋"。屋顶上的太阳能板群吸收太阳光，用来发电，电能随之进入市政电网，由发电所得收入来填补建筑取暖所需费用；屋侧墙壁上悬挂的太阳能电池板，则服务于日常家居生活，例如用来洗澡的热水。

为了保持室内空气新鲜，巴斯夫采用了可回收热量的通风系统。他们在屋顶阁楼上设置了热回收装置，新鲜空气通过顶部管路输入，与排除的热空气换热后进入室内各个房间。这种新风系统是可调式的，确保每一时间都有新风送入，室内的空气也可通过管道系统，经过热回收装置后排出。冬季采暖时，85%的热量都可回收利用。同时，巴斯夫用燃料电池作为小型动力站来提供部分采暖能源。这种小型动力站使用了聚合物膜状燃料电池，它先将天然气转换为富氢可燃气体，再在燃料电池炉中燃烧，剩余的天然气可在催化剂的作用下充分燃烧。因此，这种方法比传统供热系统的污染物排放量更少。

巴斯夫在"3升房"建成后，进行了长达3年的全面的数据测量。他们在现代化改建前后进行热像分析，持续性的数据测量系统也被安装在了楼房内部。3年的科学研究得出以下结论：每平方米每年的供热只需消耗不超出3升油的目标超出预期完成。

【点评】经过现代化改造的老房子，既有商业利益的考虑，更有对自然资源合理利用的责任感。

153

active carbon adsorption【活性炭吸附】利用活性炭的物理吸附、化学吸附、氧化、催化氧化和还原等性能去除水中污染物的水处理方法。

]system dynamics【系统动力学】研究信息反馈系统、认识系统和解决系统问题的学科。系统动力学的中心是外力作用于系统时对系统稳定性和系统变化的影响。

国家游泳中心（水立方）

国家游泳中心，又被人们称为"水立方"，它位于北京奥林匹克公园内，是2008年北京奥运会标志性建筑物之一，是为2008年北京夏季奥运会修建的主游泳馆。它在建筑设计中的诸多亮点，都体现了北京奥运会"绿色奥运、科技奥运、人文奥运"的三大理念。

国家游泳中心建设主要的先进节能技术包括热泵的选用、太阳能的利用、水资源的综合利用、先进的采暖空调系统，以及控制系统和其他节能环保技术，如采用内外墙保温，减少能量的损失，采用高效节能光源与照明控制技术等。

水立方首次采用的ETFE膜材料，可以最恰当地表现水立方，水立方的外形看上去就像一个蓝色的水盒子，而墙面就像一团无规则的泡泡。这个泡泡所用的材料"ETFE"，也就是我们常说的"聚氟乙烯"。这种材料耐腐蚀性、保温性俱佳，自清洁能力强。国外的抗老化试验证明，它可以使用15~20年。而这种材料也很结实，据称，人在上面跳跃也不会损伤它。同时由于自身的绝水性，它可以利用自然雨水完成自身清洁，是一种新兴的环保材料。犹如一个个"水泡泡"的ETFE膜具有较好的抗压性，厚度仅如同一张纸的ETFE膜构成的气枕，甚至可以承受一辆汽车的重量。气枕根据摆放位置的不同，外层膜上分布着密度不均的镀点，这镀点可以有效地屏蔽直射入馆内的日光，起到遮光、降温的作用。

"水立方"采用了由美国联合技术公司设计的空调系统。该空调系统在冷水机组上加装了热回收装置，在空气处理机组中采用了新型热管热回收装置，可以回收场馆排放总热能的50%。回收的热能一部分用于加热游泳池池水和生活用水，另一部分可以用于加热新风，提高了水立方空调系统能源利用效率。所有冷水机组均采用HFC－134a制冷剂，对臭氧层无破坏作用，达到了绿色奥运所要求的环保和高能效标准。

在水立方总共8万平方米的建筑面积中，3万平方米屋顶可使雨水的收集率达到100%，而这些雨水量相当于100户居民一年的用水量。水立方消耗掉的水分有80%从屋顶收集并循环使用，这样可以减弱对于供水的依赖和减少排放到下水道中的污水。为确保"水立方"的水质达到国际泳联最新卫生标准，泳池的水采用"砂滤—臭氧—活性炭"净水工艺，全部用臭氧消毒。据介绍，臭氧消毒不仅能有效去除池水异味，而且可消除池水对人体的刺激。此外，泳池换水还全程采用自动控制技术，提高净水系统运行效率，降低净水药剂和电力的消耗，可以节约泳池补水量50%以上。泳池和水上游乐池采用防渗混凝土以防渗漏。除了泳池用水，水立方的其他用水也十分节约。洗浴等废水，经过生物接触氧化、过滤，再用活性炭吸附并消毒后，用于场馆内便器冲洗、车库地面的冲洗以及室外绿化灌溉。仅此一项就可每年节约用水44530吨。此外，为了减少水的蒸发量，水立方的室外绿地在夜间进行灌溉，采用以色列的微灌喷头，可以节约用水5%。为尽可能减少人们在使用时对水的浪费，水立方对便器、沐浴龙头、面盆等设备均采用感应式的冲洗阀，合理控制卫生洁具的出水量，并在各集中用水点设置水表，计量用水量。预计通过这些措施，可以节水10%左右。

【点评】水立方作为北京奥运会水上运动的主要场馆，处处体现绿色、环保的概念，从外到内，充分考虑了建筑节能、环保建材的使用和水资源保护。

生态山川

SHENG TAI SHAN CHUAN

alpine plant【高山植物】生长在高山上的植物，一般体积矮小，茎叶多毛，有的还匍匐着生长或者像垫子一样铺在地上，成为所谓的"垫状植物"。

glacier【冰川】在高山和两极地区，沿斜坡滑移的大冰块称为冰川。

瑞士给阿尔卑斯山盖毯子

阿尔卑斯山脉位于欧洲中南部，覆盖了意大利北部边界，法国东南部，瑞士，列支敦士登，奥地利，德国南部及斯洛文尼亚。该山系自北非阿特拉斯延伸，穿过南欧和南亚，直到喜马拉雅山脉，从亚热带地中海海岸法国的尼斯附近向北延伸至日内瓦湖，然后再向东北伸展至多瑙河上的维也纳。欧洲许多大河都发源于此。海拔4810米的阿尔卑斯山主峰勃朗峰，也是欧洲最高峰，享有"欧洲屋脊"之美称。

壮丽宏伟的山河可谓是阿尔卑斯山创造的自然艺术。从自然保护的角度出发，1930年就在阿尔卑斯山的阿莱奇地区设立了森林保护区，这在瑞士保护生态平衡运动中起了先驱的作用。当然，保存完好的阿尔卑斯山特有的高山植物或动物的生态系统也值得一提。这里也因此成为瑞士第一个世界自然遗产。

阿尔卑斯山还有着世界第二的冰川，冰川厚度30米，面积达200平方公里。然而随着全球变暖的影响日益加剧，一个由地球观测站科学家组成的科研组发现，阿尔卑斯山这座巨大冰川随着气候的变化或收缩，或伸长，在最近的150年间冰川消退尤其显著。

为此，科学家作出多种努力，试图减少环境给阿尔卑斯山带来的伤害，这其中，尤以瑞士最典型。瑞士科学家每到夏天都要去遥远的阿尔卑斯山竭尽全力保护一座已知最古老的冰川。他们把数英里长的保护毯覆盖在波状冰丘上，把古老的冰包起来。这一极端方式的目的是在平均气温逐渐上升时延缓冰川融化。

这种革新的冰川保护方法也能允许游客以崭新的视角重新认识这一古老冰川。研究者们在冰川上凿了一个能够通行的小道，让人们可以穿越回到几千年前的世界。先前的冰川样本表明冰川在17世纪就出现了。

最新融化的冰雪首次暴露出了几千年前的岩石土壤，它们揭秘了有机物残留和人类活动器物的蛛丝马迹。来自拉蒙特–多尔蒂地球观测站的科学家团队发现阿尔卑斯山的冰川规模随着气候变化时消时长。

对消融冰川新近暴露出的岩石进行同位素测定，科学家们发现冰川大多形成于全新世时期、约11500年以前的冰河期末期，那时的隆河也比现在的规模小。研究者们相信他们的这种年代测试技术可以适用于全世界的冰川，用数据拼凑成一个全球全新纪冰川地图。

科学家们也警告隆河冰川以前比现在规模小的真相可能被气候变化怀疑者当成例证，佐证他们认为的气候变化对事物没有害处的观点。然而，拉蒙特–多尔蒂地球观测站的地球化学专家约尔格·舍费尔在哥伦比亚大学地球研究所发表的一片文章里指出，这种说法是"完全错误"的。他说研究结果显示即使在全新纪时期气候变化非常温和，但"我们发现冰川的反应非常强烈……它们对微小的变化非常敏感。加上人为因素的气候变暖，冰川会对人类的恶行做出报复性的反应。"

瑞士隆河冰川从150年前以来就一直消退，但新的研究表明11500年前冰川比现在的规模还小。科学家们说虽然这些波动没有受到人类活动的影响，但表明冰川对微小的气候变化也是非常敏感的。

2008年，旨在更好地保护并改善阿尔卑斯山地区生态环境的"欧盟阿尔卑斯山生态保护计划"正式启动。这是一个欧盟框架下的跨国生态保护计划，共有5个阿尔卑斯山国家参加。整个计划历时3年，总投资320万欧元。参加这项计划的有相关国家的政府部门、研究机构和自然保护区等共16个单位开展合作与协调，积极保护并改善阿尔卑斯山地区的物种多样性和自然环境。"欧盟阿尔卑斯山生态保护计划"的重点之一是，在气候变化大背景下，研究人类活动对当地物种迁移乃至生存环境可能造成的影响，探索建立以生物走廊连接生物多样性密集区的可行性。

【点评】人类向大气中排放大量二氧化碳，破坏了自然界生态平衡，造成全球气候变暖，产生一系列问题，冰川消融现象就是其中之一。冰川融化和退缩的速度不断加快，这意味着数以百万的人口将面临洪水、干旱以及饮用水减少的威胁。事实证明，人类总在自食其果。

reservation【保留地】指具有一定面积的自然或近自然区域，具有保持生物多样性、乡土物种保护和保存复杂基因库等重要的生态功能。

tropical rain forest【热带雨林】—种常见于约北纬10度、南纬10度之间热带地区的生物群系。

巴西力图破解亚马逊难题

　　亚马逊平原是世界上最大的热带雨林区，被称为"地球之肺"。独占大部分亚马逊平原的巴西可谓物华天宝。在经历了早期无知的毁灭性开发后，巴西政府近年来已承担了更多的环保责任，希望走一条可持续发展的道路。时至今日，这条路并不平坦，生态保护与经济成本、联邦政策与地方利益、土著居民与开发者之间矛盾重重，令人愁绪难解。

　　亚马逊热带雨林区占地球上热带雨林总面积的50%，达650万平方公里，其中有480万平方公里在巴西境内。地广人稀的亚马逊流域是印第安人的家园。随着亚马逊地区开发的进展，印第安人土著居民的利益受到冲击，生态环境也遭到破坏，巴西政府正通过增加印第安人保留地来改变这一局面。

　　巴西已有许多印第安人保留地。这些保留地通常地广人稀且资源丰富，从水源、木材到黄金一应俱全。巴西的土地和资源均归国有，作为保留地主人的印第安人则拥有管理权，所有经济活动需经他们批准。在很多局外人看来，这种安排是公平的。保留地像一个个堡垒，使亚马逊的自然环境以及印第安人的少数民族文化得到有效保护。

支持者认为，这个保留地是"恢复权利"，而不是"驱逐"。几个世纪来，这一地区生活的印第安人一直在要求从矿业和种植业开发者手中要回自己的土地。但在首府博阿维斯塔，这一要求的同情者不多。令人惊异的是，连一些印第安人也不尽同意政府的保留地计划，据说这部分人多是受雇于种植业主。他们表示，联邦政府想让他们回到从前那种原始和与世隔绝的生活，而他们不想回到过去。相反，他们希望得到电视、汽车和所有一切。

十年前，人们对亚马逊热带雨林境况的担忧到达顶点。滥砍滥伐、无节制的开发使这里的雨林大面积萎缩。许多人投身亚马逊，为保护"地球之肺"而努力。

最近十年间，环境学家、政策制定者和那些有良知的资本家们一直致力于亚马逊雨林的可持续发展，设法帮助这里的居民以雨林的资源致富，而又不破坏雨林的生态。"生态资本家"们认为，热带雨林不仅是自然赐予的圣物，也同样有巨大的商业价值，并且，保护它比直接砍伐它获利更多。这里有各种草药、油料、香料资源。这里的人们完全可以和雨林和谐共处，并从中获利。

里约热内卢"地球峰会"曾提出停止破坏性的开发，代之以可持续的开发方式，但是，如今这些替换方案也以失败而告终。例如，有选择性地伐木——只伐成年树木，而停止成片砍伐的方式，被证明成本高昂、效率低下。其他一些建议，如收集水果、橡胶和坚果等，也被证明是赔钱买卖。另一方面，世界自然基金还曾警告，人们对"自然疗法"的需求已经导致4000至10000种植物濒临灭绝。

亚马逊的地方官们曾坚信，亚马逊的前途在于森林工业。对于桃花心木、雪松等珍贵林木，开发者们会有序砍伐，保护自己的财源。但事实却与之相反。林业专家们指出，"我们本应在市场上看到第二代、第三代和第四代木材，但是我们没有看到。"

在亚马逊热带雨林，成功的商业开发往往对环境造成破坏，而"对环境友善"的开发方式却又仅仅保持住了树木，无法对当地人带来经济利益。

精选的巴西热带雨林坚果曾被Ben&Jerry冰淇淋选作吸引顾客的招牌。但是，贴近自然的生产方式无法满足大规模的商业需求，Ben&Jerry不得不向亚马逊的大农场主订购原料。三年前，意大利倍耐力轮胎公司曾推出一种以阿克里州的野生橡胶为原料的卡车轮胎，最终只是以赔钱的代价赢得"扶贫"的社会效益。

一些"生态企业家"感慨道，生态企业的概念虽好，但时机可能还不成熟。种种实践表明，生态保护在现阶段恐怕根本不能成为一个产业。它只是一种值得全社会为之付出爱心与金钱的事业，而任何别的想法都只能是一种"绿色的幻想"。总之，走出当前的困局，保护"地球之肺"，又给当地居民以发展希望，显然不止是巴西一国政府的事。

【点评】有效协调环境监管系统所推行的各类政策与执行规范，不断加大资金投入力度，是保障巴西环境与社会长期可持续发展的关键所在。总结其中的经验教训，可以为中国山川开发的生态保护问题提供有益的启示。

美国哈德逊河保卫战

哈德逊河位于美国纽约州境内，全长五百多公里，沿途流经纽约市和奥尔巴尼市，在纽约市入海，流域广阔，环境优美，是美国境内最重要的河流之一，也是美国最重要的航道之一，对美国早期的经济发展起了重要的贯通作用，被誉为美国早期商贸的"丝绸之路"。

20世纪60年代初，纽约一家颇具影响力的电力公司——埃迪森公司提出，要在哈德逊河位于纽约市北面的暴风山上建造一座水力发电站，以缓解纽约城电力使用高峰期的供电压力。按照电力公司的计划，这个水电站的运作原理是泵式储蓄水电站，就是说，在低峰值期间，由位于山脚的发电站通过管道将水运送到位于山顶的巨大的蓄水池中。然而，如果要造这个蓄水池，就要"改造"山顶，此外，水电站产生的电将需要通过输电线传送到纽约市，这就还需要沿着山势开辟出一条三十多米宽的路，在路上架设上百根电线杆。

这个详细的计划一出，当地一些居民立刻举双手反对这个工程，理由是，这个工程会破坏哈德逊河现有的状态。

这个反对让电力公司的人也急了，他们一再向居民强调，水电站不像一般的发电站，并不会有工业废料的污染，所以绝不会污染哈德逊河的水质，大家尽可以放心。可面对电力公司的说法，反对者们完全不理会，他们说，水电站将要对storm king山顶进行的改造，还有要沿着山势架设的输电线，都会破坏哈德逊河作为美国风光代表之地的景色。这些反对者认为，水电站的建设毋庸置疑将对哈德逊高地的风俗地貌、文化氛围造成巨大的损害。

面对质疑，联邦电力委员会称，委员会在颁发许可证时只要考虑发电站是否需要和工程公司是否有能力建造电站这两个因素，况且渔民们也并没有确切的证据能够证明水电站的建设会损害鱼类的生存，至于哈德逊河的美学和历史价值，更不是联邦电力委员会的考虑范围。

因此，1963年11月，在一位名叫史蒂芬·杜根(Stephen Duggan)的环境保护主义者提议下"哈德逊优美环境保护协会"成立，为使哈德逊高地免受"工程带来的美学和文化损害"，协会在律师劳埃德·加里森的帮助下提起诉讼。在当时，美国法院普遍认为，经济利益是起诉的必要条件，同时电力公司还作出了类似"在入口处设置鱼类监视屏，并建立多样的公园和娱乐设施"的改进承诺，所以项目一度施工在即。然而，工程对渔业的巨大影响给案件带来了转机。

当时，联邦电力委员会认为，水电站的电泵在引水时只会造成3％的鱼死亡，因而不会对哈德逊河的渔业造成太大影响。可此时，检查机构发现，另一家电力公司正在实施的印度点工程每年将会杀死上亿吨的小鱼和幼苗，运行10年后将会导致带状鲈鱼减少1／3！而暴风山工程的引水量是印度点工程的两倍，根据合理的推定，该工程将会造成印度点工程两倍的影响，也就是说，一旦这个工程开始，将造成哈德逊河里带状鲈鱼一半以上的死亡。

这一结论让联邦电力委员会大吃一惊，也使得上诉法院不得不开始重新审视此案。1974年5月，上诉法院作出判决，因为出现的新的渔业影响数据，联邦电力委员会需要对水电站工程重新听证。

至此，这场纷争已经持续了10年，埃德森公司已经在暴风山工程上耗费了10年的时间，而这个工程却仍未动工，而且在这场战斗中，埃德森公司花费巨大。雪上加霜的是，这个时候，除了哈德逊河优美环境保护协会之外，其他团体也开始就暴风山工程以及埃德森公司的其他环境违法行为提起了诉讼。这让埃德森公司是腹背受敌，难以招架。

在这种进退两难的境地下，埃德森公司向法院提出，愿意与各方协商解决此事。1980年12月，埃德森公司与哈德逊优美环境保护协会、各个联邦和州机构以及其他组织进行协商，各方代表最终达成了一项协议，签署了一份"哈德逊河和平条约"，条约中，埃德森电力公司同意放弃暴风山工程的许可证，并将该地段捐赠用于公共和娱乐业。

哈德逊河一案是美国乃至全世界第一例环境公益诉讼案，它不仅直接促成了美国自然资源保护委员会和环境保护基金的成立，被美国法律专家和环境保护主义者认为是美国现代环境法的奠基之作，更为重要的是，它为环保组织开启了一扇门。

【点评】近些年来，我国环境公益诉讼案件也偶有出现。2012年8月31日，我国人大常委会通过了关于修改《民事诉讼法》的决定。在这个决定中，规定了对污染环境、侵害众多消费者合法权益等损害社会公共利益的行为，法律规定的机关和有关组织可以向人民法院提起诉讼，这意味着我国正式以立法的形式建立了公益诉讼机制。

生态词典 **biological purification【生物净化】**
生物通过吸收、降解和转化作用，使环境中污染物浓度下降，数量减少，毒性降低，直至消失的过程。
secondary pollution【次生污染】 初级污染物经物理、化学或生物学过程形成次级污染物而导致的污染。

日本富士山申遗之路

在几千年的历史变迁当中，自己国家的文化遗物能够成为有全人类共同财富之称的"世界遗产"，对国对民都是一件好事情。如果申遗成功，还可以借此传播国家的文化"软实力"，让当地的旅游经济成为新的"增长点"，拓展着无限的商机。截至目前，日本已经有18处世界遗产。在这些成功的申遗之外，日本现在还有不少景点正处在申请状态中。细心人还可以看出，2013年之前日本申请成功的世界遗产里面并没有日本人引以为骄傲的风景胜地——富士山。

日本政府2007年1月宣布，准备2007年6月在世界遗产委员会主持召开的会议上，把富士山追加为日本世界遗产申报项目。媒体报道说，日本政府认为，垃圾问题对富士山此次申遗影响不大。因为就世界遗产的评选而言，决定性因素在于候选对象是否具备充分的独特性。但环保人士却并不赞同政府的这一观点，事实上，对于富士山申遗本身，环保界就看法不一。支持者说，如果能够入选世界遗产，将有助于改善富士山的环境状况。反对者则认为，入选世界遗产会令富士山的游客数量大幅增加，恶化当地环境。截止到2011年，富士山仍处于世界遗产申请状态。究其申遗困难原因，普遍认为是日本的富士山麓已经成为"垃圾胜地"。

富士山位于东京近郊，堪称世界最美丽的山峰之一。但是从山脚的树林抬眼望去，只见圆锥形的山顶上覆盖着一层白雪。但是，如果低下头看看这片森林的地面，会看到另一番完全不同的景象：到处都是垃圾。废弃的微波炉、建筑废料、残损的办公家具、生锈的冰箱，各类垃圾散落一地。"从家庭生活垃圾到旧电视机，我们在这里发现了各色垃圾，"环保组织"富士山俱乐部"负责人若村真弓说，"甚至包括一些危险物品，比如，发生泄露的旧汽车电池等等。"在一次清理行动中，环保志愿者们最初仅看到一些油漆罐和塑料袋。但是，当他们扫开落叶和表层泥土后，眼前的景象令他们感到"触目惊心"。一些垃圾已经埋入地下二三十年，其中包括铁皮屋顶、办公桌椅、垃圾桶及其他种种物品。垃圾成堆不仅破坏了富士山的生态环境，有损其优美景观，同时对其申报世界遗产的努力产生不利影响。

面对富士山垃圾多的现状，政府官员和一些环保人士不得不承认，他们无法阻止游人在山道上乱扔垃圾。富士山现在每年接待约20万名国内外游客。"偷偷丢垃圾对人们来说是件很容易的事。"富士山俱乐部官员佐藤永史郎说。不过，相关人士进一步指出，富士山垃圾问题的关键在于，附近的部分居民和企业把这里当成了公共垃圾场。这些人之所以选择在富士山倾倒垃圾，主要是为了逃避高额垃圾回收费。佐藤永史郎举例说，居民仅丢弃一个冰箱就需交纳约60美元回收费。

为了缓解富士山的环境危机，当地政府已成立数支巡逻队，并安装了监控摄像头。一些环保人士也开展了一些志愿活动。约1100名环保人士于1998年组成"富士山俱乐部"，定期清理富士山垃圾。日本前首相中曾根康弘亲自出任富士山申遗的负责人，呼吁志愿者到这里捡垃圾，给富士山一个美丽的环境。显然，他已经意识到，自然环境与人为环境的良好结合，是申遗的必备条件之一。

2013年6月底，第37届世界遗产大会批准将富士山列入联合国教科文组织《世界遗产名录》，富士山从而成为日本的第17处世界遗产。

富士山申遗成功后，自然保护的义务将加重，相关问题也将接踵而来。首当其冲的就是自然保护与发展旅游之间的矛盾。对于实施"观光立国"政策的日本来说，发展旅游业是拉动经济增长的重要手段之一。与此同时，其观光价值将会进一步提高，包括旅游设施建设在内的开发将会增多。而另一方面，世界遗产委员会会定期对入选对象的保护状况进行调查，因此如何协调好开发与保护之间的平衡，将是富士山周边地区的重要课题。

【点评】日本的富士山高于我国的黄山、泰山和张家界等多数游览胜地，但是据说，富士山不但不设缆车，就是上山公路也只修到两千多米，剩下的路不分高低贵贱人人平等自己去爬，连台阶都不修筑。这不仅为了最大限度地保护富士山的本来面貌，恐怕还有一种民族感情的因素，即对这座圣山的敬仰与尊重。同时，徒步登山更能体现生态旅游的真谛。

生态词典　　**tree layer【乔木层】**森林的最上层，是由乔木树冠所构成的一层。根据此层所显示的各种性质而决定着森林的群落外貌。

tree line【树线】树木生长的高海拔或高纬度界线。

加拿大保护北美洲"脊骨"

　　落基山脉位于北美洲西部，从加拿大横越美国西部直到新墨西哥州，绵延超过4800公里，被称为北美洲"脊骨"。此山脉的最高峰是埃尔伯特峰，位于美国科罗拉多州境内，高度有4401米。罗布森峰则是加拿大境内的最高峰，高度为3954米。整个落基山脉系统是美国地文区的一大部分。

　　落基山脉旅游，没有人不为那些气势磅礴、雄伟秀丽的景色所折服，落基山脉的湖光山色、冰川冰原、森林幽谷、冰瀑清泉、游走动物都呈现出一种天然斧凿的自然美，面对这充满自然美的一切，不禁令人深思：在这里为什么人与自然会达到近乎完美的和谐？其实，只要留意观察，就不难找到答案。

　　加拿大立法规定，禁止私自伐木，禁止随地丢弃垃圾。私宅以外的任何地方，一草一木均不准据为己有，如有违犯，会被政府重罚，情节严重者会被罚得倾家荡产。所以，在那里违法砍伐树木或偷运木材的事情都不会发生。

　　当地人认为，保持环境清洁优美不仅仅是因为任意丢弃垃圾会被罚款，更因为优美的环境是人类生存的基本条件，大自然的古朴风貌与环境的清洁卫生，在得到法律保护的同时，也必须依靠每个公民去自觉爱护与维护，这是对每个公民最起码的素质要求。

在落基山，不时可见到公路旁出现一块绘有鹿或熊图案的警示牌，黄色菱形牌上绘着醒目的图案。这是向驾车者提示：此处是鹿、熊经常游走的地方，必须减速缓行，以保护野生动物的安全。确实许多车辆见到此牌都减慢速度，缓缓行进；有时还会停下车来拿出照相机等待拍照的时机。而有时正在路旁树林中觅食的熊们，不仅不惧怕车辆行人，还歪着脖子，摆出一副悠然自得的姿态，让人拍个好镜头。彼时彼刻，人类与野生动物的关系是那么亲近与和谐。对于保护野生动物有所付出的人们来说，这无疑是最令人感奋的回报。

在落基山区的公路上，还有一些人工修筑的短短的水泥通道，颇似小河小溪上的乡村桥梁，却看不到有人在桥上行走。这是为野生动物修筑的专用桥梁，以方便野生动物穿越公路，确保它们的生命安全。

加拿大还法定不准捕猎、不准给野生动物喂食。不准捕猎容易理解，给野生动物喂食看似一种"爱"意，为什么也属于违法行为呢？因为此举有被野生动物咬伤或遭受严重袭击的危险；且所喂食物不一定适合野生动物的肠胃，有可能使其腹泻生病，甚至危及它们的生命；还会使它们丧失自身觅食的能力，在冬季封园后没有游客喂食的情况下，野生动物会被饿死。这些就是这条立法的根据。

法律规定公园不准举行任何有商业性质的活动。在落基山景区，除了缆车与冰原雪车等必要的服务性项目外，没有任何喧闹的商业性活动。这对保证游客的旅游质量至关重要，因为这项规定不仅保障了公园的整洁清新，也排除了对游人的种种干扰，使游客能够专心致志地去欣赏美丽的大自然、能够自由自在地进行自己所喜爱的休闲活动。

从最初的《落基山脉公园法》颁布以来，后续的法律和制度也在环境保护上加大了力度。《加拿大国家公园法》于1988年修正，将保存生态完整性放到了第一优先级的位置。该法律同时要求每一座公园在公众的参与下，制定管理计划。

1984年，班夫国家公园，作为"加拿大落基山脉自然公园群"的一部分，与其他加拿大落基山脉的国家和省立公园一起申报联合国教科文组织世界遗产，包括高山、冰川、湖泊、瀑布、峡谷、石灰石洞穴和发现的化石。申请成功的同时也增加了保护公园的义务。

【点评】如果做到真正的生态保护，关键在于要让自然归于自然，从而确保生态的完整性。虽然在人类社会快速发展的进程中，生态遭遇前所未有的压力，但人类如果能充分扮演自己在自然界中所应扮演的角色，就能真正做到人与自然和谐相处。

生态词典　**afforestation【造林】** 在无林地上建立新林的生产过程。

original forest【原生林】 称原始林。指从未经人为干扰、人为采伐或培育的天然森林。

巴拿马运河寻求绿色航道

作为位于中美地峡的小国，巴拿马以其连通太平洋和大西洋的运河而闻名于世。这条承载着当今全球5％贸易货运量的黄金水道，如何在运河扩建过程中兼顾环境已成为重要课题。

经过多年考察、论证及全民公投，巴拿马于2007年9月启动运河扩建工程。这项预计耗资52.5亿美元的工程，已于2016年正式竣工。扩建后，船只通行能力将扩大40％，货物年通过量将从之前的3亿吨增加到6亿吨。

"这将给国际贸易货运格局带来新变化。"巴拿马运河管理局局长阿尔韦托·阿莱曼说。

但是，挑战永远与机遇同在。在扩建过程中，如何处理好扩建工程与环境保护的关系，成为运河管理当局和环保部门的重要课题。

运河的扩建使通行能力得到大幅提升，此前必须绕道的大型船只不必再绕远，本身就有助于节能减排。有资料显示，往来于美国东西海岸的船只取道巴拿马运河，航程可骤然缩短8000海里（约合1.5万公里），从而大大节约燃料消耗。

然而，如何最大限度地保护运河及周边水资源和动植物，成为扩建工程论证和实施的攻关课题。此外，如何存放拓展航道时挖出的泥土、工程噪音及尘土污染等问题，也是施工进程中需克服的难题。

运河管理局扩建工程环境监测与资源规划部总经理丹尼尔·穆斯切特向中国新华社记者介绍说，扩建工程包括在大西洋和太平洋沿岸各新建1座船闸，开挖部分新河道并疏浚部分现有河道。当初之所以选择这个方案，在很大程度上是基于环保考虑。因为新船闸的开挖位置，在二战期间曾因备战原因被美国开挖过，因此对运河周边现有植被的影响可降低到最小。

穆斯切特说，运河扩建涉及周边1700公顷土地，其中400公顷是原生热带雨林，其余为灌木林和草地。运河管理局与巴拿马国家环境局、水资源局一起制定了森林生物拯救和造林计划。根据这一计划，大量野生哺乳动物、爬行动物和禽类得到安置。在保护森林植被方面，运河管理局已为毁林支付了350万美元补偿费，同时承诺为受破坏的400公顷雨林进行加倍再植补偿，即在环境局指定的地区造林800公顷。据运河管理局最新公布的数据，目前造林面积已达565公顷。

运河扩建工程须特别注意水资源保护和利用。巴拿马运河是一条梯级船闸式运河，需要通过船闸蓄水、放水，帮助船只上浮或下降。之前，巴拿马运河共有3座船闸，从太平洋一端起分别是望花船闸、米格尔船闸和加通船闸。现有船闸用过的淡水都直接排放入海，而新船闸将配套建设蓄水池，循环利用淡水，这将比现在的船闸节水约60%。

运河管理当局已在81.3公里长的运河及周边水域建立了多个水质监测站，按时检测水质变化，并向环境局报告结果。穆斯切特说，他们还向过往船只派出监管人员，防止船只排污对运河水质造成破坏。另外，运河当局还设立了监管举报系统。

当地环保组织"巴拿马可持续"负责人赖莎·班菲尔德对本社记者说，对于一个如此浩大的工程来说，它在环保方面已经采取了不少措施，但工程给环境造成的影响还是显而易见，比如原生林的砍伐和工程对水质造成的影响。尽管有野生动物拯救和造林计划，但工程对动植物的影响不可能百分之百地修复。运河当局和环保部门应当在这些方面，比他们当初设想的做得更多些。

巴拿马国家自然保护委员会负责人阿莉达·斯帕达福拉在接受新华社记者采访时，对怎样存放扩建工程挖出的泥土表示关注。据估计，扩建挖掘泥土量达2亿立方米。她认为，工程对环境肯定会造成影响，现在最为关键的问题是加强这方面的监管工作。

【点评】随着社会的进步和经济的发展，生态环保理念逐渐深入人心，这也对航道整治工程建设提出了新的要求。应根据航道的地形特征，合理改善底质和岸带环境，在环境条件比较适宜的区域，因地制宜地进行植被的保护、恢复，提高生态系统的生物多样性和环境功能，并通过人工参与的方式，合理布局，增强航道自净功能和对富营养化的控制能力。

美国密西西比内河开发启示

　　美国建国伊始就建立了与航道相关的法律。1824年通过了第一个航道管理类专门法律《改善俄亥俄河和密西西比河航道条件法》。100多年来，先后颁布实施了40余项有关防洪和航运的法律法规，使得内河航运开发、管理等各个环节都有相应的法律法规。在1998年国会通过的《面向21世纪的交通运输平衡法案》中，对内河航运及航道的使用予以肯定，并对其继续开发治理提出了明确的要求。

　　近两个世纪以来，美国始终坚持采用系统方法开发内河，尤其是密西西比河水系，经过连续治理，不仅有效控制了洪水，扩大了灌溉面积，提供了廉价电力，而且最核心的是提高了航道标准，带动了整个流域的经济发展，形成了水资源开发的良性循环。自1980年以来，密西西比河货运量基本上是每10年翻一番，现在已达到6.5亿吨，约占美国内河水运运输量的60%。

　　美国对航运航道基础设施的建设，在主要依靠各级政府预算拨款的同时，注意多渠道融资，如利用银行贷款或信托基金、征集与水路运输有关的税费、发行建设债券和股票以及利用私人投资等，有效地解决了资金的筹措问题。目前，美国内河航运高度发达，但其对航道建设与维护的投资依然维持较高水平，每年约8亿美元。

美国涉及航道航运管理的机构有三个：一是联邦运输部，统一管理包括航运在内的五种运输方式，部内设航运管理局，负责造船及营运补贴，扶植美国航运业与相关企业；主持航运市场研究工作，掌握航运市场动态和预测航运业的发展；与企业合作进行技术和营运管理的研究工作。二是成立于1824年的陆军工程兵团，1938年通过《防洪法》得到了全国内河水系有关的防洪、航运、发电、环保、供水、水上娱乐等方面规划，建设及管理的授权。陆军工程兵团在制定航道治理五年计划及年度计划时，必须向国会报告并接受国会检查。陆军工程兵团下设38个分局，年预算50亿美元，雇员25000人（几乎全是非军人编制），管理范围包括：建造了13675公里的防洪堤，管理着689座大坝、275座船闸、41000多公里的航道航运建设与维护，对美国水资源综合利用是功勋卓著的。三是海岸警备队，是美国五大武装力量之一，水上安全管理是其重要职责，经费由政府预算中支出。综合、统一的水上安全管理体制，促进了内河航运的发展。

密西西比河水系河流实行多目标开发，综合利用水资源，十分注重发挥综合和长远效益。根据干支流河道特性及具体情况，拟定河流开发目标，一般以防洪为主，但始终把航运放在相当重要的地位，并兼顾水力发电、城市和工业用水、农田灌溉和环境保护等。干流中下游航道建设以疏浚、炸礁、裁弯为主，中上游则主要进行渠化。支流上游修筑高坝，用以蓄洪、拦沙、发电及调节航运用水，中下游开发以航运为主，低坝渠化，兼顾发电、供水、灌溉和环保。整个航道开发过程基本做到了干流和支流并重，上游和下游兼顾，标准统一。为更加有效地利用航运资源，还开挖了人工运河，沟通五大湖及其他水系，形成了干支直达、水系沟通、江海相连的标准深水航道网。

美国陆军工程兵团对环境问题更加谨慎敏感，如在疏浚方面，航道疏浚土已得到了有效利用，不再作为"废弃物"，而是用于建小岛供生物繁衍或建沼泽地形成新的湿地。在工程兵团费用预算中，环境工程占到了1/5，而且还呈逐渐增加的趋势，使"水上运输是环保型运输"的概念深入人心。

由于水资源得到了较为合理的开发利用，密西西比河水系开发工程效益十分明显。多年来，全社会用于密西西比河水系开发的投资约300亿美元，航运工程约占1/3。但据测算，其效益仅减免洪灾损失一项累计已达2440亿美元，并形成了1万余公里四通八达的深水内航道网，年货运量稳定在4.5亿～5.4亿吨左右；全流域喷灌面积达3170万亩，水电装机1950万千瓦，并促进了沿河地区工农业的发展和经济繁荣。目前，美国人口超过10万的150个城市中131个位于河边，其中大部分分布在密西西比河水系。

【点评】美国密西西比河和中国长江都是最繁忙的河流，肩负着本国冶金、石化、煤炭等货物的运输，但长江的生态治理却明显落后密西西比河很多。因此，长江要向密西西比河学习如何进行内河航道的环境保护和生态治理，同时兼顾航运的正常作业。

biosphere【生物圈】 生物活动的范围和生物本身的总称。生物活动的范围包括地球大气圈的下层、岩石圈的上层和整个水圈。

acrophytia【高山植物群落】 高山区的植物群落。

长白山保护与开发并重

　　长白山自然保护区建于1960年，是我国已建的自然保护区中最早建立的可数几个自然保护区之一，1980年长白山保护区加入了联合国教科文组织"人与生物圈"计划，成为世界生物圈保留地之一，这是我国迄今为止被纳入该计划的26个自然保护区中的最早入选者。1986年，经国务院批准成为国家级自然保护区，这也是全国现有的国家级自然保护中最早一批被批准的国家级区之一。因此，该保护区在全国自然保护领域具有十分重要的地位，在国际上也有重要影响。

　　目前，长白山保护区已被列为世界自然保留地之一，全球28个环境监测点之一，"中华十大名山"。2007年，被评为国家5A级景区。2009年，长白山保护开发可持续发展试验区通过专家评审，成为4个省级可持续发展实验区之一。

　　50多年来长白山自然保护区先后实施了长白山松花江大峡谷综合整治、植被恢复工程、饮用水源地污染治理等56项生态保护项目，保护区生态保护事业取得了长足发展，保护区年生物多样性经济总价值逐年增长，已经达到80亿元。

吉林省长白山保护开发区管理委员会有关负责人表示，今后将在做好长白山生态保护的前提下，加快由单一观光型向休闲养生度假复合型转变，进一步提升长白山旅游战略定位，推动长白山旅游从"观光经济"向"休闲经济"转变。长白山管委会始终坚持一条底线，即保护优先，在保护中发展、在发展中保护。在保护开发实践中，坚持"宁肯荒，不可慌"的理念，再小的生态不破坏，再大的利益不动摇，"大保护"格局逐渐形成。

此外，将加快由传统旅游方式向生态文化融合型转变，进一步丰富长白山旅游品牌内涵。坚持保护与开发并重，努力把长白山打造成为"生物生长栖息保护地、人类休闲养生目的地、人与自然和谐示范地"。

为了更好地保护长白山生态环境，强化污染减排，扎实开展生态环境保护工作，2013年5月17日，长白山国家级自然保护区生态保护大行动启动。治理行动从5月份持续到当年年底。行动主要分为实施水环境综合整治、大气环境综合整治、声环境综合整治、加强生态保护工作力度、加强开发建设项目水土保持监督执法工作力度以及实施最严格水资源管理制度六个方面。

据介绍，生态环境综合治理工作开展期间，长白山环资局联合各区环保局、住建局、环境监测站、公安交警等单位，集中治理影响百姓日常生活的水、大气、声环境污染现象；取缔沿河畜禽屠宰厂、城区屠宰散养户和沿河污水排放口，加大污水管网建设力度，使污水收集率达到90%以上；推行集中供暖，取缔不达标的燃煤小锅炉，积极推广使用生物颗粒燃料及燃油、燃气等清洁能源，加强对饮食业油烟污染治理；强化机动车废气污染防治，完成汽车尾气检测资质认证并形成检测能力；严格实施《长白山管委会声环境功能区划》，加大对建筑施工噪音的管理，实施夜间施工限时管理和交通噪音管理制度，强化社会噪音的管理和控制，噪音达标区覆盖率力争达到90%以上；加强对旅游景区、美人松保护区、饮用水水源地保护区及涵养区、城区湿地的生态环境监察力度，增加执法检查频次，严厉打击人为破坏生态环境违法行为，确保生态安全，维护区域生态平衡；对从事可能引起水土流失的生产建设活动的单位和个人，严格监督其在建设项目可行性研究阶段依法编报水土保持方案；依法查处和纠正开发建设项目不编报水土保持方案擅自开工、不按照批准的水土保持方案落实防治措施等各类违法违规行为；制定长白山管委会全区域水资源开发利用、用水效率、水功能区限制纳污三条红线指标，完成取水许可清理整顿工作，建立取水许可管理信息台账，加强饮用水源地保护工作。

长白山环资局相关负责人表示，通过开展生态环境综合治理行动，使全区环境质量得到进一步提高。到2013年底，全区主要污染物排放总量得到有效控制、流域水污染防治取得显著成效、环境安全得到基本保障、环境监管能力进一步得到加强，着力构建"大保护"工作格局，不断促进全区经济、社会和环境的协调可持续发展。

【点评】实施生态保护是以人为本、可持续发展的执政理念的体现，是科学的，不仅对当前有利，而且造福子孙。长白山是东北亚地区的"绿肺"，生态作用无可替代。保护好长白山，保护好长白山生态是我们的责任和义务。

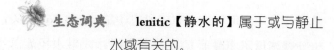

守护"亚洲水塔"喜马拉雅山

　　在全球气候变暖的大背景下，被称为"亚洲水塔"和"第三极"的青藏高原牵动着世界的神经，这里的一点细微变化都可能波及全中国乃至全世界生态环境。而研究显示，青藏高原已成为对气候变化最敏感、受害最严重的地区之一。青藏高原海拔高，升温效应比其他地区更为显著，西藏是全球气候变暖下最典型的受害地区。

　　2008年之前的47年间，西藏年平均气温大约以每10年0.32摄氏度的速率升高，相当于全国增温率的4倍以上。喜马拉雅山脉已成为全球冰川退缩最快的地区之一。

　　"全球气候变暖、温室效应已经给青藏高原带来了影响，而这片高原上发生的变化又将影响整个世界。"美国前财政部长保尔森在访问青海时曾说。神秘而圣洁的青藏高原被称为"亚洲水塔"和"万河之源"，仅发源于此的黄河、长江、恒河、湄公河、印度河、萨尔温江、伊洛瓦底江等7条亚洲重要河流，流域总人口就达13亿，其生态之重要不难想象。

　　我国境内冰川储存的静态水资源约相当于5条长江，每年提供的融水量相当于一条黄河，而我国冰川总面积的80%以上在青藏高原。仅喜马拉雅冰川融水径流流量，就占全国冰川融水径流总量的12.7%。特别在西北内陆干旱区，冰川融水更是绿洲地区社会进步、生态环境保护的命脉。

多位专家指出，一旦青藏高原冰川融水枯竭，我国及东南亚部分地区将进一步陷入水资源困境，生态环境和人类生产生活可能遭受的损失难以估量。

气候变暖造成青藏高原冻土退化，同样令人忧虑。秦大河认为，一旦冻土退化破坏植被，减少地面吸收的太阳辐射，青藏高原热源作用减弱，会引起亚洲夏季风强度变化，造成印度北方干旱，加剧中国夏季降水"南旱北涝"分布。

从更广阔的视野看来，青藏高原本身就是影响地球气候的一个重要因素。它巍然屹立于世界之巅，牵动着整个北半球甚至全球的大气环流。研究表明，青藏高原热岛作用的辐射气流可以影响到中东与北美地区。如果青藏高原森林植被遭到破坏，它可能成为全球远程传输最高效的沙尘源地之一。

尼泊尔国际山地研究中心主任安德烈·希尔德将青藏高原形象地比作"地球的触角"。他说，气候变暖会加剧青藏高原水汽蒸发，从而进一步加速全球变暖，可谓牵一发而动全身。

2008年8月，西藏自治区开始试行草原生态保护奖励机制，鼓励牧民削减牲畜数量，以新能源代替烧柴草，并开展草原生态监测。这是我国应对气候变化、实施"西藏生态安全屏障保护与建设"的又一新举措。

2009年2月，国务院批准了《西藏生态安全屏障保护与建设规划》。根据规划，西藏将展开3大类10项生态工程。一是保护工程，包括天然草地保护、森林防火和有害生物防治、野生动植物保护及保护区建设、重要湿地保护、农牧区传统能源替代。二是治理工程，包括防护林体系建设、人工种草与天然草地改良、防沙治沙、水土流失治理。三是监测工程，旨在保障上述两类工程顺利实施。

据估算，这些规划总投资达155.02亿元的项目实施将给西藏带来巨大生态效益。仅退牧还草一项，就可使西藏每年涵养水源约200亿立方米。同时，其"碳汇"功能得到增强，将在全球碳平衡中发挥重要作用。

"《西藏生态安全屏障保护与建设规划》体现了我国对青藏高原生态环境的高度重视和积极作为，也是我国积极应对气候变化、维护地球生态的重要举措。"中科院青藏高原研究所研究员康世昌说。

此前，在"三江源"区域，国家已经实施了生态保护与建设工程，采取生态移民、退牧还草、以草定畜、人工增雨等保护措施，提高了这一地区适应气候变化的能力。

专家们同时指出，在全球气候变暖的大势面前，这样一些区域性工程力量毕竟有限。保护青藏高原，需要更大范围的协作和努力。

2009年3月，全国政协人口资源环境委员会向中央建议，国家在实施《中国应对气候变化国家方案》时应把青藏高原作为重点地区优先考虑，加快青藏高原气候变化监测网络建设，实现对青藏高原地区气候、生态环境、水文、冰雪冻土、大气成分、沙尘等方面的全面观测。

【点评】全球气候变暖不是一个国家、一个区域能单独解决的问题。鉴于青藏高原生态环境的敏感性、脆弱性和重要性，近年众多国际知名的冰川、气候、生态、环境专家来到这里，与我国共同探讨应对之策。气候危机形势严峻，但我们看到，全人类都在努力。

 **生态词典**　ecomigration【环境移民】原居住
在自然保护区、生态环境严重破坏
地区、生态脆弱区的人口，搬离原
来的居住地，在另外的地方定居并
重建家园的人口迁移。

　　closed fishing season【禁渔期】政
府规定的禁止或者是限制捕捞海内
动物的活动的期间。

西双版纳加强澜沧江流域生态保护

　　澜沧江·湄公河一江连六国，是西双版纳和流域各国人民的母亲河。保护好这条河流不仅对维护这一区域的生态安全十分重要，也对西双版纳加强与流域各国人民的情感交流及往来合作起着举足轻重的作用。西双版纳州以此为己任，在保护澜沧江流域生态安全方面作出了积极努力，并取得了明显成效。

　　澜沧江流域西双版纳段水生生物资源丰富，初步查明有天然鱼类107种（分属19种54属，占全省鱼类总科数的69％，总属数的40％，总种数27％）；引进鱼类27种，浮游生物98种，水生植物40余种。此外还有多种螺类、贝类、虾类、龟鳖类等水生动物。其中，双孔鱼科、粒鲇科、鱼芒科、刀鲇科、爪哇四须鲃等珍稀水生生物，都是仅分布于西双版纳的特有科，而爪哇四须鲃是2001年7月在补远江中最新发现的西双版纳特有新种。西双版纳生物多样性和独特性在维系澜沧江流域生态平衡，保障澜沧江区域社会经济发展等方面发挥着重要作用。

由于地区水利能源开发建设等诸多因素影响，水域生态环境不断恶化，水生生物资源逐渐衰退，珍稀水生野生动物的濒危程度日益加剧。为保护澜沧江水生生物资源，保护澜沧江流域生态环境，该州近年来采取了有效措施。1994年，勐腊县首先实行"江河渔业资源分段管理"形式，走"群防群治，谁管理谁受益"的路子，有效地保护了渔业资源。该县江河渔业资源分段管理的成功经验，推动了全州渔业资源保护和发展。

从2005年开始，西双版纳州每年都要举行一次澜沧江水生生物资源增殖放流活动，至今已向澜沧江内投放鱼苗或成鱼300多万尾。举行澜沧江水生生物资源增殖放流活动，是西双版纳州履行澜沧江生态环境保护的一项措施。澜沧江发源于中国青海，从西双版纳出境后称为"湄公河"，流经缅甸、老挝、泰国、柬埔寨、越南，最后汇入太平洋，全长4880公里，在西双版纳州境内长188公里，是亚洲流经国家最多的国际河流，被称为"东方多瑙河"。西双版纳州早在1991年就制定了《西双版纳傣族自治州澜沧江保护条例》，首次以立法的形式，保护澜沧江的生态资源。

《条例》规定，澜沧江流经西双版纳州境内的188公里水域和沿岸的自然资源都要进行保护，在澜沧江水域内禁止一切有损于河床、堤岸、自然景观的行为；不得弃置、堆放阻碍行洪、航运的物体；在航道内不得弃置沉船，不得设置碍航渔具，不得种植水生植物；禁止在澜沧江水域内炸鱼、毒鱼、电力捕鱼或捕杀国家保护的水生动物等等。《西双版纳傣族自治州澜沧江保护条例》的颁布对西双版纳经济社会发展作出了极大贡献，特别是对保护澜沧江生态环境、推进澜沧江生态资源合理开发和利用，促进西双版纳州经济社会发展起到了重要作用。可从三个方面体现出来：第一，加强了森林资源的保护，确保了生态安全；第二，调整了产业结构，加快了生态的修复；第三，科学的规划，加大了水资源和水能的开发利用。

为了更好地保护好澜沧江流域的生态安全，探讨澜沧江流域保护的新途径，2010年4月，西双版纳州人大常委会组织调研组，对《西双版纳傣族自治州澜沧江保护条例》开展立法调研，并对其进行修订。

与此同时，西双版纳州各有关部门也加大了对澜沧江流域的保护力度。州森林公安局与西双版纳国家级保护区管理局举行联合水上执勤，对澜沧江沿岸保护区进行巡护，开展保护区内摸底调查、宣传教育、监测救护等活动。为加强澜沧江·湄公河西双版纳流域鱼类资源的保护，西双版纳州还先后建立了"云南省西双版纳州澜沧江·湄公河流域鼋、双孔鱼保护区"和"罗梭江鱼类自然保护区"；景洪市渔政部门在全市辖区内实行江河禁渔期制度，规定每年的2月1日至4月30日为禁渔期，其中澜沧江景洪电站至流沙河口江段为全年禁渔区。

随着一系列法律法规和措施的出台和实施，使澜沧江流域生态环境得到了较好的保护和改善，原来濒临灭绝的鼋、双孔鱼、四鳃鲏、中国鲇鱼、后背鲈鲤等国家名贵鱼类，以及一些西双版纳澜沧江段特有的珍稀鱼类近年来又陆续在澜沧江出现，保护区内现有天然土著鱼类107种、浮游生物98种、水生植物40余种。

【点评】作为负责任的上游国家，中国在澜沧江水资源开发过程中一贯高度重视对环境和生态的保护，充分照顾下游国家。中国与湄公河沿岸国家都是山水相连的友好邻邦，合理开发利用澜沧江·湄公河水资源符合沿岸各国的整体利益。

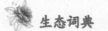
新疆立法保障天山申遗

2013年6月21日，第37届世界遗产大会正式将中国"新疆天山"列入世界自然遗产。联合国教科文组织在对新疆天山的评语中写道，新疆天山具有景观和生物生态演化过程的完整性，符合世界自然遗产保护和管理要求。

天山属全球七大山系之一，是世界温带干旱地区最大的山脉链，也是全球最大的东西走向的独立山脉。此次申报的新疆天山世界自然遗产地，由昌吉回族自治州的博格达、巴音郭楞蒙古自治州的巴音布鲁克和阿克苏地区的托木尔、伊犁哈萨克自治州的喀拉峻—库尔德宁等四个区域组成，总面积达5759平方公里。

自2009年始，新疆天山申遗项目全面启动。2012年1月经国务院批准，新疆天山作为我国当年唯一申报世界自然遗产项目报世界遗产中心；同年3月，230万字的新疆天山申遗中英文文本，正式通过世界遗产中心技术审查，新疆天山拿到了申遗"入场券"；7月，联合国教科文组织专家赴新疆实地考察评估，新疆天山申遗项目以其突出的遗产价值和较高的保护管理水平，折服了实地考察的专家并受到高度评价。

作为新疆维吾尔自治区整体申遗战略的组成部分之一，"新疆天山"已由国家住房和城乡建设部作为正式申报项目提交世界遗产中心。按照联合国世界遗产委员会的要求，申遗地必须要有地方立法予以保护。2011年，新疆维吾尔自治区十一届人大常委会第二十八次会议表决通过了《新疆维吾尔自治区天山自然遗产地保护条例》。

根据条例，今后在天山自然遗产地，开山、采石、游览开发、生产经营等难以恢复原状的严重破坏行为最高将被处以100万元罚款。

天山自然遗产地保护规划包括总体规划、片区规划和详细规划。条例对保护规划作了详细的规定。其中，总体规划纳入新疆维吾尔自治区城镇体系规划，由新疆维吾尔自治区住房和城乡建设主管部门负责编制；片区规划纳入州、市(地)区域城镇体系规划，由天山自然遗产地的州、市人民政府，地区行政公署组织编制；详细规划由天山自然遗产地的地、州、县(市)人民政府，地区行政公署组织编制。

条例划定了保护区域，禁止一系列行为，如规定在天山自然遗产地内，禁止开山、采石、开矿、砍伐、狩猎、开荒、修坟立碑等破坏景观、植被和地形地貌，改变、影响山川水系等自然状态；禁止破坏自然遗产资源的完整性、真实性，或者影响野生动物迁徙、栖息进行工程建设、旅游开发、生产经营；禁止携带外来物种及其制品，开展驯化、繁殖野生动植物可能给自然生态带来不良影响的行为以及法律、法规禁止实施的其他行为。在天山自然遗产地禁建区内，除配置必要的研究监测和安全防护设施外，禁止进行任何建设活动。违反上述规定之一的，将由天山自然遗产管理机构责令停止违法行为、恢复原状或者限期拆除，可以并处1万元以上5万元以下罚款；对难以恢复原状的严重破坏行为，处10万元以上100万元以下罚款。

天山自然遗产地限建区内，可以建设与自然遗产保护有关的设施，展示区内可以建设与游览观光、文体娱乐等活动有关的公共服务设施和管理设施。

在天山自然遗产地内开展科学研究、设置户外广告等活动的，要经天山自然遗产管理机构审核同意；开展大型演出、影视拍摄活动的，应当提交活动计划和生态保护方案，并经新疆维吾尔自治区住房和城乡建设主管部门审核同意。在天山自然遗产地缓冲区内进行开发、建设、生产、经营等活动的，要确保自然遗产价值不因人为活动受到不良影响。否则将由天山自然遗产管理机构责令停止违法行为、恢复原状或者采取其他补救措施，没收违法所得，可以并处10万元以上20万元以下罚款。

自然遗产地内原住人口利益如何得到保护？根据《保护世界文化与自然遗产公约》及操作指南的要求，条例规定，天山自然遗产地的保护与管理工作，应当兼顾自然遗产地原住人口生产、生活需要。天山自然遗产管理机构应当帮助原住人口采用有益于自然遗产保护的生产和生活方式，优先吸收原住人口参与自然遗产保护、维护等工作。

【点评】条例对天山自然遗产保护地的管理体制和保护管理措施等均作了明确具体的规定，具有较强的针对性和可操作性，对加快推进新疆天山申遗工作和加强天山自然遗产保护工作必将起到重要的推动作用。

生态旅游

SHENG TAI LV YOU

生态词典 environmental ethics【环境伦理学】探讨人类与自然界和睦相处关系的学科，它以道德与环境的关系为研究对象，探讨环境道德问题，以发挥伦理学的调节作用，起到保护环境的作用。

environmental impact statement【环境影响报告】关于计划和建议的产业、项目或法规对环境和人身健康与幸福可能产生的影响及其缓解对策的详细报告。

南极旅游

　　无数壮丽秀美的冰川和皑皑白雪造就了南极大陆这个苍茫素净、一尘不染的世界，冷峻高洁而静如渊泉，宛若一个冰肌玉骨、遗世独立的仙子，吸引无数旅游热爱者争相一睹其风采。

　　从20世纪80年代开始，陆续有游客前往南极亲身感受极地气质，此后每年去南极游览的人次出现井喷式的增长，许多极地探险旅游产品也就应运而生。普遍来说，旅游公司推出的南极旅游一般有五种形式：高空长途游览、飞机登陆、大型游船航运、破冰船游览和个人小型飞机游览。而在这五种形式当中，游船又是众多游客最为普遍的选择。

　　由旅游公司组织的南极旅游有一套完善的制度，他们向游客提供出色的导游服务的同时，也严格要求游客们遵守环境保护规则。导游都是经过严格挑选和培训的，因为他们需要承担不只解说的工作还有教育的任务，从底壳构造、极地的气象状态、冰河造成的地理特征，到生命历史、动植物的区分、人类探险和开发的历史等等，内容包罗万象。而游客的责任则是避免破坏环境，所以他们需要按照规定，不在船上随便乱丢烟蒂和其他杂物，更不能丢进海里，而是将垃圾装袋后存放在甲板后部。

对于大多数游客而言，旅游中最精彩的项目是登上那一片白色陆地，真真切切地感受冰川与白雪，近距离观赏海豹和海狮群，亲手去喂养憨态可掬的企鹅，还有看海鸟筑巢。从知识丰富的导游那里，游客能够学到如何识别紧张的企鹅并用一种适宜的方式去接近它们，知道海鸟蛋和海鸟幼崽在海鸟父母受到惊扰时可能会遭受贼鸥和其他捕食者的攻击，也知道如何避免惊扰拥有统治地位的雄性海豹。

然而南极虽然神圣却也非常脆弱，不管是哪种旅游方式，南极的自然环境都会受到不同程度的影响。交通工具产生的噪音和燃油废渣、漏油以及污水排放都会造成污染，而游客制造的污染更甚于此，尽管旅游公司对游客三令五申，但还是有游客向海里排放排泄物以及丢废纸、塑料、易拉罐、酒品和烟蒂等垃圾。而这些垃圾在南极几乎是不可分解的，因为那里天气极度寒冷，缺少细菌等分解者，因而这类行为会严重影响南极的生态环境。

对南极自然环境影响最大的一项是登陆，特别是登陆时对正在喂养的鸟类和其他动物的影响。尽管立下许多规定，但这毕竟不像法律那样拥有强迫性，所以还是会有游客不服从安排，况且旅游公司的工作人员也会在一定程度上姑息迁就。

尽管国际上为了保护这片人类共同的家园，对南极环境损害范围作了比较明确的规定，并且确立了对相关责任人或者国家的处罚制度，但这是否能有利于环境本身仍不得而知。

除了在旅游项目中会造成环境影响外，开发南极旅游过程中发生的一些意外事故也会给环境造成重大破坏，如1979年一架新西兰航空公司的旅行飞机坠毁在南极岛上；1989年载有80名游客的阿根廷供货船在南极半岛触礁，泄漏的18万加仑的柴油燃料造成磷虾和潮间带生物大面积死亡。

很难说开发南极旅游对保护南极生态环境有什么直接贡献，尽管游客会在旅途中被告知其中意义，但是脱离实际措施的理念是很难保证其价值的。值得一提的是，南极生态旅游的发展前景被环境保护组织拿来反对开采南极，也许这正是南极旅游到目前为止，对保护南极生态环境所作出的唯一贡献。

【点评】生态旅游资源具有明显的脆弱性，容易受到外界的破坏，南极的生态环境更是如此，而它的稳定又对全球气候至关重要，所以虽然南极生态旅游拥有广阔的前景，然而在充分考虑其承受能力并找到妥善解决环境问题的方案之前，对南极生态旅游的开发仍须慎之又慎。

equatorial rainforests belt【赤道雨林带】位于赤道两侧广阔空间的热带雨林和热带季雨林地带。

island distribution【岛式分布】在岛屿状生境空间的分布。

马尔代夫生态游

　　位于印度洋蓝色海域中的马尔代夫是一个由近1200个珊瑚岛组成的国家，翠绿的岛屿如珠玉散落在赤道两侧，从高空鸟瞰，犹如一颗颗绿宝石镶嵌在蔚蓝的大海上，因而赢得了"上帝抛洒人间的项链"的美誉。所有这些岛屿都是因海底火山爆发而成，虽然平均面积只有0.16平方公里，但个个玲珑奇巧，与雪白细腻的沙滩和蔚蓝透明的大海共同成就了"印度洋上人间最后的乐园"。

　　马尔代夫地处赤道附近，具有明显的热带雨林气候特征，全年四季不分，平均气温28℃，得天独厚的地理环境使之成为世界上著名的旅游胜地。马尔代夫政府因地制宜，于20世纪80年代初起草旅游规划和制度，开始大力发展旅游业，如今旅游业已成为该国第一大经济支柱，是赚取外汇和政府收入的主要来源。

　　长期以来，在马尔代夫政府的积极筹划下，无人居住的岛屿一个个被开发成了独立的风景区，并且岛上没有其他产业并存。9个环礁岛上的87个风景区，面积各有大小，客房接待能力从100到500间不等。风景区的设计很相似，一排环岛并朝向白色沙滩的房间，通过栈道相连搭建在海面的水上屋以及餐厅、码头、潜水学校是大多数岛屿共同的选择，少数风景区还有空中游览项目。

为了避免这些设施严重破坏岛上自然环境的协调性，政府对此进行了严格规划管理，规定：风景开发区的最大面积限定在全岛陆地面积的20%；建筑物只允许一层楼，如果要建两层就必须掩映在植物带中；所有的房间必须保持与海滩至少5米远的距离，而且每排房间的长度不得超过海滩长度的68%。岛屿外环带有栈道的水上屋的数量的激增说明了风景区对这些政策的严格执行。

水上屋的出现是为了弥补上述规定给游客在观赏大海时所造成的缺憾，通过它，游客可以非常亲近而从容地领略马尔代夫的风情。水上屋临海而建，通过大约10米长的栈道与海岸相连，无论是恬憩于屋内还是安步于栈道之上，游客都能够在观赏美景之时随意安放身心。另外，水上屋近乎原始的建造方式不但没有破坏整个自然环境的协调性，反而因其古朴独特的造型而别具格调。现在，水上屋已经成为马尔代夫的最佳代言，吸引游客蜂拥而至。

另一个让无数游客心驰神往的便是潜水项目，岛屿众多且各有奇巧使马尔代夫当仁不让地成为世界潜水胜地。印度洋的季风潮流给马尔代夫这片海域带来大批小型海洋生物和微生植物细胞，成为吸引其他海洋生物的食物资源，所以这片海域拥有上千种鱼类在珊瑚礁周围游弋，因而也创造了绝佳的珊瑚礁潜水胜地。不但是潜水爱好者，就是对于普通游客来说，在马尔代夫进行潜水项目都是不可错过的选择。在水底，色彩斑斓的热带鱼会让人应接不暇，时而还会因遭遇鳐鱼和鲨鱼这种巨型海洋生物而让人狂喜不已。游客不用担心自己不会潜水，因为每个岛屿风景区都应时设有潜水学校。潜水项目为马尔代夫创造了巨大的经济利益，甚至远远超出渔业出口的收入。

开发旅游业给马尔代夫带来了巨大的经济来源，但是马尔代夫政府并没有冲昏头脑，他们对自身形势有着非常清醒的认识："我们的自然资产就是岛屿的美丽，如果不采取适当的措施保护这些岛屿，恐怕今后马尔代夫不再会像今天这样成为旅游目的地。"他们对于自身资源的开发和保护是同时进行的，没有因为巨大的开发效益便对环境保护有所偏废，而是同时致力于"细致的环境管理"，以图打造成一种健康可持续的生态旅游，而不是竭泽而渔。

为了避免对环境和文化造成严重影响，马尔代夫政府采取了诸多措施：禁止开发珊瑚礁；船坞的规划设计不能造成海滩的侵蚀和沉积；在限制开采地下水、屋顶蓄水池以及利用反渗透技术脱盐的条件下保证充足的饮用水供应；禁止捡贝壳、捕乌龟和收集幼小及正值生育期的牡蛎；禁止撒网和挖设陷阱打鱼；要有适当的固体废物处理系统和废水处理设施等。

通过对这些环境保护政策的实施和严格监控，马尔代夫政府制定了一个完善的旅游规划，从而使这个资源匮乏的国家获得了巨大的经济来源，为其他热带岛屿的开发树立了典范。

【点评】生态旅游的基本目的是可持续利用旅游资源为当地创造经济收入，提高当地居民的生活质量。马尔代夫发挥自身优势，通过细致的规划和管理，打造了一套成熟完善的生态旅游模式，并创造了不菲的经济效益，为那些资源缺乏但具有风光优势的地区提供了借鉴。

美国黄石公园

一位探险家曾有这样的赞美："在不同的国家里，无论风光、植被有多么大的差异，但大地母亲总是那样熟悉、亲切、永恒不变。可是在这里，大地的变化太大了，仿佛这是一片属于另一个世界的地方……地球仿佛在这里展示着自己无穷无尽的创造力。"

这里是一个冰火交织的梦幻世界，北落基山脉间频繁的地热活动造就了现在海拔2000多米的熔岩高原，其上山峰奇绝、怪石嶙峋，而历史上的三次冰川运动又于雄伟之外平添了无限隽秀，峡谷、瀑布、湖泊、溪流和喷泉纵横其间，这里的一石一泉都体现了大自然的造化神功。为了让这些精妙绝伦的自然奇观保持原始的自然状态，美国国会于1972年通过法案，将这片区域辟为国家公园，从此，它有了一个响彻全球的名字——"黄石国家公园"。

除了自然山川之外，黄石公园还拥有非常丰富的生物资源，森林面积占全国森林总面积的90%左右，水域面积则占10%左右，吸引了灰熊、美洲狮、灰狼、金鹰、麋鹿、白尾鹿、美洲大角鹿、野牛、羚羊等2000多种野生动物在此繁衍生息，是美国最大的野生动物庇护所。异常丰富的自然资源，使黄石公园自开放之日起便成为旅游者的天堂。

经过长达100多年的发展，黄石公园旅游已经发展到了一个令人瞩目的高度。园内旅游活动可谓包罗万象，包括垂钓、滑雪、动物观赏、地质探险等多种形态的旅游项目，游客可以自由选择自驾车、步行或者骑单车进入公园游览。而且在传统的旅游项目之外，还推出了一系列的特色项目，适合各种层次、各种品位的游客。比如"初级护林员"项目，它主要面向5至12岁的孩子，旨在向他们介绍黄石公园的自然奇观并且让他们明白在保护这一人类宝贵财富时所扮演的角色。还有诸如"黄石探险""野生动物探险""寄宿和学习""现场研讨会""徒步探险""野营和野餐"等面向不同人群的特色项目，这些特色项目兼具体验性和教育性。

在开展的所有旅游项目中，都有一个原则贯彻始终，就是把环境保护放在第一位，这是黄石公园取得成功并长久保持优秀的旅游质量的重要原因。首先，政府对公园内的各种旅游活动都进行控制，把旅游活动限制在一定范围和时间之内，如对自行车、野营、徒步等活动都有明确线路安排，游客只能在限定区域内游览，而进行垂钓等项目则需要许可证并且限定了时间、地点和游客人数；其次，对园内的基础设施进行控制，如国家公园内禁止修建索道，尽量避免修建道路对环境造成破坏；另外，公园内不得开展一些对环境及生物多样性影响较大的旅游活动，如狩猎等。在管理方面，他们则推崇"无为而治"。对于园内发生的现象，只要不是人为因素造成，且不危及人的生命及财产，园内的工作人员都不予以干涉，听其自然。

这些政策和措施为保持黄石公园的原貌，起到了非常积极的作用。时至今日，尽管黄石公园已经有140多年的旅游发展史，然而它仍然是全美国最原始的荒原，尚有99%的面积未被开发，非常严格而出色地践行了当初建立国家公园的宗旨。

黄石公园是世界上第一个也是目前世界上最大最成功的国家公园，每年吸引游客达300多万。它的成功具有多方面的意义，它在科学系统的规划和合理的项目设计方面，为其他旅游区提供了典范。而对于其他旅游区来说，更值得效仿和借鉴的，是建立公园的生态理念以及对理念不偏不移、一以贯之的态度和决心。

【点评】黄石国家公园严格遵守生态旅游的基本内涵，始终以保护环境为研究核心，经过一百多年的探索，制定出了一套完善的经营和管理模式，非常成功地将自然环境转化成了可持续的生产力，生态环境在得到大力保护的同时也取得了巨大的经济收入。

 **生态词典**　**ecological equilibrium【生态平衡】**
一个生物群落及其生态系统之中，各种对立因素互相制约而达到的相对稳定的平衡。

areography【分布地理学】 具有不同表型特征的同种生物生活在一起的现象。

加拿大班夫国家公园

　　加拿大班夫国家公园是世界上继美国黄石公园之后建立的第二个国家公园，它的建设意识和指导思想均仿照于黄石公园。不仅是在意识形态上相似，就连在地理环境上，班夫公园和黄石公园也是一脉相承，同样处于落基山脉北段，拥有众多自然胜景和生物资源。

　　1883年，从大西洋到太平洋横贯美洲大陆的铁路修筑到了落基山脉，两位苏格兰铁路工人在铁路工地硫黄山脚下发现了一个天然的温泉，两年之后，一场争夺温泉所有权的官司引起了渥太华联邦政府的注意，裁决的结果是政府将温泉及周围26平方公里的土地纳为国有，并于1885年设立为温泉自然保护区，这就是班夫国家公园的雏形。

　　然而大自然给这片区域的惊喜远不止一个温泉这么多，随着进一步的勘探，发现有众多壮丽秀美的景色环绕周围，有奇峰怪石、峡谷瀑布、冰川雪原、溪流湖泊，还有大片密林和种类繁多的飞禽走兽。于是加拿大政府仿照黄石公园的理念，将温泉自然保护区扩展成国家公园，并定名为"落基山国家公园"，之后又改为"班夫国家公园"。

最初，班夫公园的建立仅仅是为了获利，而不是以激发人们保护自然环境的意识为目的。虽然那时也有相关的保护规定，但是因为巨大的经济利益而被忽视，因而在班夫公园里，破坏原生植被和非法猎杀野生动物的行为屡见不鲜，许多野生动物被圈养，树木也被随意进行修剪，甚至连采矿、伐木和放牧这些严重破坏环境的活动都没有得到有效的禁止，大自然的灵性受到严重的抑制。

随着人们环保意识的增强，加拿大政府开始重视保护大自然的原始本色，班夫国家公园的规划和管理被正式纳入到国家政策当中。法案明文禁止采矿、林业、石油、天然气和水电开发以及娱乐性狩猎等资源开采形式，与自然环境不相协调的工厂和矿厂逐渐从班夫国家公园内撤出，班夫公园正在逐渐恢复原始本色。

1988年，班夫公园又被要求依法修整制定管理规划，规划的首要考量因素是公园生态环境的完整性，而且必须每隔五年评估一次。为此，加拿大公园管理局于1994年成立了班夫弓河山谷研究会，目的是为了更好地管理公园的使用和开发，同时维持生态平衡。现在许多正在使用的管理制度，都是在这时候制定的。比如将班夫镇的人口控制在1万以下，限定园内徒步旅行的人数，减少园内开发项目，撤销或者修整影响环境协调的基础设施，建立动物隔离区以减少人和动物的冲突。另外，许多影响动物习性的设施和项目也被取缔，如附近的一个小型机场和军校训练营，以及一条横贯公园的公路。

在环境管理上，班夫公园也仿照黄石公园，采取听其自然的办法。只要不是人为因素造成的，并且不会对周围土地产生严重影响，也不会对公众的安全构成威胁，当然也不能超出生态系统的自身恢复能力，公园工作人员不会干涉园内发生的一般森林火和病虫害。这一举措也是必要的，因为生态系统需要有自身循环和恢复的过程。

尊重原住民的文化，让原住民参与公园的旅游工作是班夫公园取得成功的又一重要因素。公园管理处与当地民众共同组成管理委员会，管理中的重大决策都会事先告知民众，并允许他们对管理计划的实施发表意见。

此举将公园的管理和当地的民众有机地结合在一起，有效地增强了保护区的管理工作。

班夫国家公园经过长期的发展，经济利益已经被放到一个次要的位置，如今重在教育和激发人们的环保意识，努力使"维护班夫国家公园并完整地传给后人"成为加拿大各界人士共同努力的目标。

【点评】在经营旅游区时，往往有经营者急功近利，不顾环境的承载能力，盲目开发，导致旅游质量下降，经济效益也有损无增。班夫公园的转变和成功揭示：保护环境和利用环境资源发展经济，两者是并行不悖的。

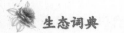

marine ecosystems【海洋生态系统】高含盐量的浩瀚水域生态系统。即海洋生物与其环境相互作用而形成的统一体。

coast zone【海岸带】指现在海陆之间相互作用的地带。也就是每天受潮汐涨落海水影响的潮间带及其两侧一定范围的陆地和浅海的海陆过度地带。

新西兰峡湾国家公园

　　新西兰峡湾是南半球最有名的荒野地区之一，地处太平洋板块和澳大利亚与印度洋板块交界处的高山断层上，是地震多发区。历史上的地震活动和冰川运动相互作用，将这片区域仔细雕琢打磨，留下了无数瑰丽的角峰和一条锋利绵延的冰脊，还有让人叹为观止的"U"形峡谷。新西兰峡湾因其错综复杂的地貌被誉为"高山园林和海滨峡地之胜"。

　　由于壮观独特的自然景观以及它在见证地球进化史中所扮演的独特角色，峡湾地区在1952年被辟为国家公园，占地面积25万平方公里，是世界上最大的国家公园之一，每年吸引国内外游客55万。1986年，峡湾国家公园被列入世界遗产名录。

　　与其他地方的国家公园保护理念不同，新西兰提倡国民尽可能多地走进自然、了解自然、融入自然，从而对有价值的自然和文化资源进行可持续利用。他们认为自然和文化保护的主体是人，只有照顾到旅游者的感受，使旅游者获得最大的旅游体验，才有可能实现最大限度的保护，因而这就决定了峡湾国家公园在旅游开发上以注重游客体验为主的理念。

因此，旅游开发者尽可能地完善旅游基础设施和旅游服务设施，尽可能提高旅游区域的可进入性。并且为了游客享受全方位的旅游体验，新西兰环保部联手众多的旅游经营公司，在峡湾公园内开发了游船游览、乘坐飞机进行空中俯瞰、徒步、攀岩、皮划艇、滑雪、垂钓等各种各样高质量的旅游活动。只要是在满足旅游活动与公园管理计划相符合的条件下，环保部和旅游经营商都可以提交开发旅游项目的申请。如果项目申请得到批准，经营该项目的旅游经营商将交纳200万新元用于环境保护，运营之后则需要定时做环境影响评估，如有不符则需要整改或者取缔。

环保部和旅游经营商在旅游活动中扮演了不同的角色，他们分工明确，各有职责：环保部的主要职责是对国家公园进行管理和监督，而旅游经营商的职责主要是在遵守各种法律和程序的前提下，为游客提供更加丰富的体验和自然教育并从中获利。

虽然新西兰政府在旅游开发中重视经济，但这并不代表他们忽视了环境保护的工作。相反，他们有一套完整的法律法规，并将经营活动对环境的影响纳入到可监控之下。

政府将峡湾国家公园划分成五个区域，每个区域根据其地理特性详细规定可进入性以及可进入的交通工具，并且对游客人数和使用频率等方面也进行了限制，比如环保部专门下达文件，严格规定飞机游览经营商可以运营的飞机数量，还有飞机起降点以及起降点的使用次数。另外，为了尽量不破坏国家公园的地域生态系统，园内设施被限制在整个国家公园1%的范围内并且尽可能与原来的环境相协调，这使国家公园保持了相对原始纯净的面貌。

环保部每年还将投入700万新元用于公园运营和管理，其中有200万元来自旅游经营商的运营许可费。旅游经营商除了交纳200万运营许可费用于环境保护，他们还会以捐款的方式参与环保。

政府提供平台，以一套完整有效的法律和制度为准绳，在不严重影响生态环境的前提下，旅游经营商各尽其能，为游客提供各种高质量的旅游体验，新西兰峡湾国家公园的成功提供了另外一种借鉴意义。

【点评】新西兰峡湾国家公园采取的是开放性经营模式，重在游客的体验性，然而它不同于其他同类型旅游区对资源采取一种掠夺式的利用方式，而是通过制定一套严格程序来保证旅游区的科学性和生态性，从而在很大程度上避免了资源破坏。

越南下龙湾

　　下龙湾是越南最著名的风景区，是一片风光旖旎的海湾，其上小岛星罗棋布，且姿态万千。其景色与桂林山水有异曲同工之妙，因此它在中国游客的眼中是"海上桂林"。与桂林不同的是，下龙湾包含了3000余石灰岩岛和土岛，并且具有浓厚的热带风情。

　　下龙湾这一名称的来历有多个版本，但无非都是一个意思，神龙曾在此地显灵护佑过越南人民，于是为了纪念，越南人民将它命名为"下龙湾"。1994年，下龙湾被联合国教科文组织批准为世界自然遗产，为了进一步扩大知名度，越南政府在鸿基市的基础上扩建并将其市名定为下龙市。下龙湾是一个年轻的城市，旅游业起步也晚，但是因为绝好的风光使之具有巨大的发展潜力，所以尽管发展期短但也取得了相当的成功。

　　越南下龙湾的开发在很大程度上保持了它的原始面貌，这基于它的开发思路和方式，即选择性地对局部资源进行充分利用，而非急于全盘开发。在考量了石峰的远近、可进入性和景色的质量后，率先开发了斗鸡石、香炉石等一些附近海域的石峰，并禁止在风景区内修建设施和砍伐森林。这些措施虽然对保持景区原貌有积极作用，但也限制了旅游资源发挥全面效应，海上游览设计不能很好地满足游客的需求，难以增加游客的逗留时间。另外一个限制下龙湾旅游业发展的因素就是，附近的交通不够发达，而且配套设施也没有达到高质量水平。

为了解决以上问题，越南政府着力进行改进，一方面通过各种渠道吸引资金，加快建设和完善旅游区内的基础设施，如同时在政策上可以允许各种所有制形式进入旅游行业；另一方面，加快制定和实施相关法律，规范旅游市场，为旅游业发展创造良好的环境。

经过近几年的大力建设，下龙湾风景区内以交通为主的基础设施条件得到明显改善，游船、宾馆和酒店的质量和数量都得到明显提升。另外，越南政府开始重视旅游人才的培养和引进，为发展旅游业进行了大量的人力资本投资。旅游规划人才、管理人员（饭店、旅行社、旅游区）、服务人员、导游员、营销人员等都十分短缺，不但数量少，而且素质较低。经过7年多的努力，下龙市旅游业的人力资源状况大为改观，促进了酒店、游览区、车船、购物场所等的服务质量显著改善，这无疑为下龙市发展成为国际知名的旅游城市打下了坚实基础。

同时，为了吸引大量游客，越南政府在旅游促销方面实施了大手笔，把旅游部门建设成为越南重要的经济部门，与15个国家和地区签订旅游合作协定，制定旅游发展规划。

2011年11月12日，在新公布的"世界新七大自然奇观"中，下龙湾榜上有名。这对下龙湾旅游业的发展具有重要意义，毫无疑问，今后将会有更多的游客进入下龙湾。这既是一个机会也是一个挑战，虽然下龙湾的旅游条件较过去有了很大的改善，但离国际级旅游质量还有一段距离，如何接纳更多更高要求的游客，越南政府还需加大投入。

【点评】在下龙湾生态旅游开发中，越南政府很好地发挥了它的职能，通过指导、监督、调控、规划、维持秩序和提供服务，使得下龙湾生态旅游环境得以优化，生态旅游经营与管理也得以规范。

马达加斯加生态游

马达加斯加位于印度洋西南部，隔莫桑比克海峡与非洲大陆相望，国土面积约59万平方公里，是非洲第一大岛国。马达加斯加岛本是非洲古大陆的一部分，因为非洲大陆断裂而分离出来，也正是因为这次断裂，与世隔绝的马达加斯加才保证了其生物资源的丰富性和古老特征。

根据世界自然基金会的统计，马达加斯加岛上拥有100种以上的哺乳动物，其中近98%属于该岛独有，而360多种两栖动物和爬行动物中，有95%是该岛独有的。岛上还居有250多种鸟类和2万种植物，同样，其中绝大部分属于独有。这种生物资源的独特性，不仅在生态科研、物种保护方面具有极其重要的价值，也是马达加斯加发展特色旅游的重要资源。像岛上独有的狐猴和成片的猴面包树，生态旅游一经推出，便成为吸引游客的重点项目。

狐猴是排在世界濒危动物名录第一位的野生动物，现在只有在马达加斯加才能见到，从小到10厘米的指猴，大到70厘米的大猴，共有50种左右，均被国际自然及自然资源保护联盟列入濒危动物红皮书。猴面包树是地球上最古老的树种之一，它以高大粗壮且造型奇特（树干高不过20米左右，而胸径却可达15米以上）而闻名远近，马达加斯加全部拥有世界上仅存的8种，而且7种属于独有。

除了丰富而独特的生物资源，多样的生态资源组合也是马达加斯加发展旅游业所具备的优势，如热带雨林、岛屿沙滩和草原湖泊等多种形态的生态资源，而拥有大约5000公里长海岸线的马达加斯加更是理想的海水浴和潜水场所。

尽管马达加斯加拥有丰富的旅游资源，但是没有得到及时保护和利用，国内的农业发展、大量的毁林垦田，使得马达加斯加岛上的森林覆盖率由原来的85%降至8%，而这一过程只用了50年的时间。赖以生存的森林被严重破坏，岛上动植物的生存也面临着巨大而持久的威胁。不管是为了经济发展，还是改善自然环境，马达加斯加政府意识到必须做出改变，从农业经济转型。

随着国际上生态旅游业的兴起，马达加斯加开始重视自己的自然资源，并找到了转型的方向。马达加斯加政府提出因地制宜的指导思想，坚持以优先保护生态环境为原则，充分利用自身独特而丰富的旅游资源，打造成适合自身特点的旅游胜地。

为了实现生态旅游开发战略的目标，马达加斯加政府作出了多方面的努力以吸引外资，加快完成旅游基础设施的建设，并为此出台了激励性措施。如改革土地制度和改善投资环境，加快旅游业私有化进程。

在政府扶持政策的激励下，马达加斯加的旅游基础设施逐步得到改善，旅游业已成为拉动该国经济发展的支柱产业。它不仅为马达加斯加创造了第一大外汇收入，而且为本国国民尤其是对广大农村和沿海地区的居民提供了众多回报丰厚的岗位。

【点评】马达加斯加充分利用独特的生物资源，发展特色生态旅游，并推出极具民族特色的文化旅游，这是马达加斯加作为世界上最不发达国家之一，但却在全球众多旅游地区和国家中脱颖而出的原因。

生态词典　　**plant community【植物群落】**在环境相对均一的地段内，有规律地共同生活在一起的各种植物种类的组合。

biodiversity【生物多样性】在一定时间和一定地区所有生物（动物、植物、微生物）物种及其遗传变异和生态系统的复杂性总称。

肯尼亚山国家公园

　　肯尼亚是发展生态旅游业最早的非洲国家，于1963年结束英国殖民统治后开始转型，至1987年，旅游业的收入便已经远超其传统农产品出口，成为该国外汇收入的首要来源。肯尼亚旅游业的迅速发展，主要依托其境内被称作野生动植物天堂的肯尼亚山。

　　肯尼亚山是东非大裂谷最大的死火山，也是非洲第二高山，尽管地处赤道，然而气候却意外舒适，加之水热资源丰富，因而植物群落遍布山野。这些植被随着海拔高度的变化呈现种类相异的特点：在低海拔区域内，主要以山地森林为主；在海拔2000米至2500米内，雪松和罗汉松具有生长优势；海拔2500米至3000米，则是长满苔藓的乔木和竹子的混合区；再往上便是一片青草茂盛的林间空地；来到海拔3800米至4500米的高山区，则生长着各类花卉。多样的环境吸引了各种习性的动物生活于此，数以万计的动物弥漫山林和草原的景象屡见不鲜。1949年，肯尼亚山及四周附近区域被辟为国家公园，并于1997年列入世界遗产名录。

推重自然观光和狩猎旅游，是非洲生态旅游区普遍具有的特点，而肯尼亚山国家公园更是典范和先驱者。然而完成从先驱者到成功典范的转变，肯尼亚山国家公园走了一段长而曲折的路。

最初，为了迎合当时盛行的狩猎风，成为职业猎人的荣耀感极大地煽动了人们大规模地从事狩猎活动，加之在所有保护区内普遍发生的大量盗猎行为，使得野生动物的数量急剧下降。再者，由于缺乏科学的规划和管理，当地人迫于生计经常与保护区内的野生动物发生冲突，而大量观光游客的涌入严重影响了野生动物的生活环境和生活习性。生态旅游带来的负面影响让人触目惊心，肯尼亚山国家公园的生态环境曾一度岌岌可危。

为了拯救野生动植物和改善旅游质量，肯尼亚政府于1977年颁布禁猎令，然而并未收到预期效果，于是又在1990年加大惩罚力度，凡是被现场抓获的盗猎者均予以就地处死。在此高压政策下，盗猎行为算是略微得到好转，然而当地居民和政府的冲突也更加激烈，问题并未能从根本上改善，原因在于没能协调好居民和保护区的关系。

鉴于此，肯尼亚于1984年成立野生生物服务署，旨在改善当地居民生活，保证居民从旅游中受益，以此推动生态旅游区的环境保护和可持续发展。肯尼亚国家公园在政府机构的协助下，制定了生物多样性保护计划，鼓励当地居民参与到与野生生物相关的行业，如旅游、畜养、提供食物或制作纪念品及表演等。居民在政府的协助下，在旅游业中找到了合适的工作，因禁猎令而遭受的损失在旅游业中得到弥补，而且新得的收入既丰厚又稳定，居民也就不再冒险去盗猎了，肯尼亚山国家公园和当地居民的矛盾和冲突得到缓解。

另外，肯尼亚山国家公园管理处和相关政府机构每年都会拿出一定比例的收入回馈当地居民，支持许多当地部落的发展计划，如兴建医疗服务站、学校、供水设备、改善牲畜蓄养设施以及道路的修建等，大大地增加了当地居民保护环境的积极性。

这些措施在短短几年内收到了巨大的成效，最能明显感觉到的是当地居民对于环境的态度的转变，他们现在将野生动物视为重要的经济来源，不但不会妄加伤害，而且抱着积极的保护态度。所以，当肯尼亚境内其他保护区里的犀牛和大象数量日益锐减时，肯尼亚山国家公园却能保持犀牛和大象数量逐年上增，旅游质量逐年提升。

【点评】旅游区与当地居民发生冲突的现象普遍存在，解决矛盾的唯一方法是将当地居民纳入到旅游的经营和管理当中，只有让当地居民从中获益，旅游区的经营和管理才能有效地进行下去。

生态词典　**constructed wetland【人工湿地】**
由人工建造和控制运行的与沼泽地类似的地面。

biotransformation【生物转化】外源化学物在机体内经多种酶催化的代谢转化。生物转化是机体对外源化学物处置的重要的环节，是机体维持稳态的主要机制。

南非萨比萨比野生动物自然保护区

　　2012年10月，在全球著名权威旅游杂志《康泰纳仕旅行者》读者评选结果中，南非萨比萨比保护区以100%的满意度再次荣获非洲最佳游猎营地。该区以其野生动物的多样性和出色的生态管理，为游客提供了一个能够充分享受野生动物探寻体验的绝佳场地。

　　萨比萨比出自南非聪加族语，是"敬畏"的意思，因为在很久以前，这片区域栖息着非洲狮、鳄鱼、犀牛等大量凶猛的野生动物。后来因为欧洲盗猎者的出现，这片区域从此萧条下去，许多动物绝迹于此。直到1974年，萨比萨比被一位名叫希尔顿·路恩的人收购并被辟为自然保护区后，这种萧条的景象才算得以改变。

　　希尔顿·路恩在自然保护区内开辟了三个度假区，并引进了非洲狮和白犀牛等大型野生动物，经过多年的经营，现已成为观赏狮子、猎豹、大象、野牛和犀牛这非洲五大猎物的主要地区之一。保护区的游猎营地每天在清晨和傍晚各开放一次，游客必须在向导的陪同下乘坐经过改装的敞篷越野车进行观赏，因为身为动物学专家的向导能够提供解说并保证游客的安全。

据统计，在这片保护区内拥有200种以上的野生动物，鸟类则超过350种，将近占世界所有鸟类的4%。萨比萨比野生动物自然保护区之所以能够拥有如此傲人的成绩，完全得力于有效的环境保护措施。

其中最值得称道的是，度假区内拥有一套完善的污水处理系统。度假区内产生的生活污水会被导入一个容积10立方米的三间蓄水池中，经过沉淀之后从分离槽中排出，排出的废水则被抽至一个人工湿地。该人工湿地植有大量的芦苇、宽叶香蒲丛和莎草丛，而这些植物对废水能够起到一个很好的净化作用。据负责保护区环境管理的官员介绍，进入人工湿地废水中的大肠杆菌数量是每100毫升含有80至100个，而经过净化从人工湿地流出的水中每100毫升只有一个甚至没有。管理人员特意在湿地四周围建了一道防护网，阻止大象等大型动物进入湿地对植物造成破坏。

残留在分离槽中的固体物质和淤泥，则由管理人员定期进行清理，与度假区内其他固体垃圾一并运出度假区。另外管理人员尽量做到物尽其用，将在度假区收集到的玻璃和铝制废品卖给附近小镇的回收站，而度假区厨房里的果屑、菜皮以及残羹冷炙则卖给当地村民喂养家畜。

度假区水电的引入模式也能做到因地制宜，电是通过地下电缆从附近的镇上引入，而生活用水则就地取自四个水塘。水塘里的水先是被抽进一个容积200立方米的蓄水池中，然后经过池中的过滤装置转化成饮用水。

不同于灌木林度假区和塞拉提度假区，大地度假区是三个度假区中最晚建成的，因而设计理念更符合户外旅游市场的趋势。大地度假区内建造的生态小屋非常符合生态旅游的理念，酷似泥巴的水泥使得小屋看起来就像一堆泥土，配合一个金字塔形的茅草屋顶，非常和谐地融入进了自然环境。每幢小屋都有一个滑动的玻璃门，通向一个户外矿泉疗养浴池。

萨比萨比野生动物自然保护区的最大贡献在于通过发展低投入、高回报的旅游业，一方面实现了当地经济的发展，并为当地200多人提供了岗位；另一方面则促进了环境保护，并且支持了许多野生动物保护团体，如濒危野生动物信托组织。这几十年中，萨比萨比野生动物自然保护区赢得了众多的旅游业嘉奖。

【点评】私人经营的生态旅游是更注重通过经营生态旅游产品来提供社会公益的行为，他们把部分旅游收入用于社区发展和环境保护，以此来协调多方，实现可持续发展。

生态词典　　biozone【生物带】指大片的、具有大体一致的气候和土壤，因而也就有一个反映出在种类组成和对环境的适应上高度一致的生物群的地区。

amphibious plant【两栖植物】即能在陆地上又能在水中生长的植物。如两栖蓼。

塞舌尔卡森岛保护区

　　坐落在东部非洲印度洋上的塞舌尔是一个由115个岛屿组成的群岛国家，因其瑰丽的海岛风光而享有"旅游者天堂"的美誉。旅游业是该国第一大经济支柱，直接或间接创造了约72%的国内生产总值，并创造了30%的就业。

　　塞舌尔以生态旅游著称于世，境内50%以上的地区被辟为自然保护区，每年接待外来游客约13万人。其中作为最重要的海鸟栖息地的卡森岛被树立为生态旅游的典范，虽然面积只有0.27平方公里，但每年前往观光的游客络绎不绝。

　　卡森岛在生态旅游方面取得的成就，离不开两个组织两代人长期不懈的努力。卡森岛前身是一个商业性椰树种植区，因为经营不善，于1968年被国际鸟类协会收购并被设计成一个自然保护区。30年后，该岛经营权转移到塞舌尔鸟类协会手中，后者在前者打好的基础上开展生态旅游项目并大获成功。

在国际鸟类协会管理的30年中，卡森岛的生物数量逐年上升，爬行类动物、无脊椎动物和珊瑚礁均已恢复到历史最高水平，包括当地特有的一种低矮森林在内的许多濒临灭绝的植物也被成功挽救。在此30年中，国际鸟类协会对卡森岛最杰出的贡献莫过于拯救了濒临灭绝的三种特有鸟类：塞舌尔刺嘴莺、塞舌尔鹊和塞舌尔佛迪鸟。可以说，卡森岛之所以蜚声于外，国际鸟类协会居功至伟。如今，岛上栖息着西印度洋上数量最多的玳瑁（一种爬行纲海龟）群、7种其他海龟和5种当地特有的陆地鸟类。

1998年，一个严格按照塞舌尔法律新成立的非营利性组织塞舌尔鸟类协会从国际鸟类协会手中接管卡森岛，卡森岛也因此迎来了第二个发展阶段。

塞舌尔鸟类协会接手后，在以旅游业保护生物多样性的理念下开展旅游项目，并鼓励当地居民积极参与。保护区的门票定为20美元，不过这只针对外国游客，本国国民可以免费进入岛上游览。该项目每年为保护区带来20万美元的门票收入，仅是此项收入就足以维持卡森岛自身的经营和支持塞舌尔国内其他自然保护区的活动，而其他商业性收入则数倍于此。

发展旅游业可以给当地带来丰厚的经济回报，但是这种成功不是以牺牲野生动植物为代价的。塞舌尔鸟类协会在开展旅游项目的同时，长期致力于环境保护，实施海洋和陆地生态保护措施并严格控制游客数量，而这才是卡森岛真正取得成功的原因。

为了减少外来物种侵入的风险，卡森岛的旅游经营者们用小船运载游客，每艘船限载30名游客。这些小船平时停靠在卡森岛上，当有游客需要进岛观光时，则由管理人员驾驶过来接载游客。游客必须在管理人员的带领下进行参观，几个小时后又必须乘船返回，不得住在岛上。通过这项举措，游客的数量得到了有效的控制，加之岛上不允许非管理人员居住，因此岛上的偷猎事件也远低于其他岛屿。

为了避免岛上6名员工对鸟类造成的污染，如生活污水、排泄污染以及发动机噪音，塞舌尔鸟类协会在岛上安装了太阳能热水器，建造生态厕所，岛上的固体垃圾则被运至岛外处理。

塞舌尔鸟类协会长期不懈努力，多项并举，用实践证明用旅游业保护生物的多样性是一种行之有效的方法。卡森岛的成功被树立成一个典范，其运营模式已经被推广应用于塞舌尔的其他海岛。

【点评】卡森岛的成功说明，以经营的方式来实现保护生物多样性的目的是行之有效的，但有一个前提是，在经营上必须做到有节制。

生态词典　　coral reef【珊瑚礁】主要由珊瑚堆积成的礁石，分布甚广。

mollusk【软体动物】无脊椎动物的一门，体柔软，无环节，足是肉质，多数具有硬壳。如蚌、螺、蜗牛、乌贼等。

澳大利亚大堡礁

被称为世界七大自然奇观之一的大堡礁是澳大利亚最引以为豪的天然景观，400余种色彩绚丽的珊瑚沿东北海岸线绵延2000多公里，总面积达到了惊人的20.7万平方公里，是世界上最大的珊瑚礁群。而以此庞大的珊瑚礁群为依托形成的生态系统，拥有世界上最丰富多样的海洋生物，有1500种鱼类、4000种软体动物以及多种濒临灭绝的海龟。大堡礁以其突出的价值于1981年被列入《世界遗产名录》。

大堡礁作为最大的珊瑚礁群，不仅在生态研究和渔业等方面具有重要的价值，更是极具魅力的旅游资源。随着世界生态旅游业的蓬勃兴起，大堡礁的旅游价值日益凸显，2900个大小珊瑚礁岛中具有特色的岛屿被相继开辟为旅游区，每年吸引大约200万的游客前往游览，成为澳大利亚重要的经济来源。

然而旅游业的高速发展，一度给脆弱的珊瑚礁生态系统带来严重危机。因为过度开发和管理不善，陆源污染以及渔业和矿产开采导致大堡礁生物资源锐减，珊瑚礁出现严重退化。为了保护大堡礁生态系统并且实现可持续利用，澳大利亚联邦政府于1975年成立大堡礁海洋公园管理局，负责该地区资源开发和保护的协调管理工作。

首先，管理局制定了《大堡礁海洋公园法》，为管理工作提供了法律依据。该法案对管理机构的设立、职责和权力，管理机构章程和会议，大堡礁海洋公园及周围区域有关的犯罪和处罚，环境管理费用征收，管理方案等方面作出了明确的规定。这套法律法规条款明细，可操作性强，减少了执法的随意性和执法过程中的摩擦。执法人员的严格执行也保证了这套法律法规的效应。

在这套法律之中，征收环境管理费用是一个创新点，主要面向大堡礁海洋公园内的旅游经营者，向他们征收经营许可费以及设施租金。对于进入公园的游客，视情况征收环境管理费用，有全费、半费和免费三种方式。所得环境管理费用直接用于公园的日常经营管理开支，包括教育、科研、日常巡逻等方面。

其次，管理局制定了一套严密完整的管理计划，包括分区计划、地点计划、管理计划和25年战略计划。这些计划从空间上覆盖了整个遗产区域，并对敏感地带和关键地点给予更细致和特别的管理；在时间上，除重视日常管理外，还注重战略管理，使大堡礁的保护和资源利用具有可持续性，而非看重眼前利益。这一系列的计划成为大堡礁旅游管理的指导，保证了整个旅游管理过程都贯穿了对世界遗产的保护。

再者，管理局鼓励旅游经营者参与合作管理。大堡礁的面积大、资源多、用途广，只有通过各方合作，才能解决环保与资源使用的问题，而由此产生的措施也才能落实到位，管理才能取得成效。

另外，管理局重视对游客进行引导和教育。为了减少旅游活动给大堡礁带来的负面影响，管理局和旅游经营者从两个方面采取措施。管理局制定一系列旅游行动规则，以此鼓励和要求游客保护环境，比如游客进行观鸟，对其行走速度、说话声音以及观鸟时段都有明确规定。旅游经营者的职责是雇佣有一定技能的员工，负责在为游客展示公园及其价值的时候，向他们传达环保理念。

通过对管理立法和管理规划的不断完善，大堡礁海洋公园大部分区域保持了良好状态，旅游质量也一直维持在一个高水平上。

【点评】在珊瑚礁生存形势日益严峻的今天，如果不采取有效的管理措施，全球将有60%的珊瑚礁在2030年之前死亡。澳大利亚在保护和利用大堡礁方面取得的成功经验，值得借鉴。

生态词典　**noise pollution**【噪声污染】当噪声对人及周围环境造成不良影响时，就形成噪声污染。

flora【植物区系】某一地区，或者是某一时期，某一分类群，某类植被等所有植物种类的总称。

云南香格里拉

　　香格里拉是迪庆藏区人民"心中的日月"，是人们心中永恒、宁静与和平的象征。这里拥有雄伟的雪山冰川、茂密的原始森林、碧毯般宽阔的草甸风光、气势磅礴的三江并流，更有笃信藏传佛教的藏族居民及其他宗教多种民族的神奇民族风情，丰富的自然生态资源和人文生态资源共同构建了这片土地的独特魅力，是令人向往的"世外桃源"，是理想中的"伊甸园"。1933年，英国作家希尔顿·詹姆斯《消失的地平线》一书，用它优美的文笔向世人描绘了这个东方中国的奇异桃花源。半个多世纪，许许多多的追寻者漂洋过海来到中国的大西南，来探索这个消失在地平线上的秘密地带——香格里拉。

　　向往香格里拉的国内外人士纷纷涌向迪庆藏区，宁静的高原有了许多喧嚣，随着大量旅游、观光、探险、研究学者的到来，香格里拉迎来了历史性的发展机遇。但同时也给迪庆藏区提出了一个世纪难题，在获得经济利益的同时，如何保持香格里拉的传统文化与自然景观。

　　实施天然保护工程。历史上，迪庆的经济形态主要是传统农业，他们的财政收入建立在对自然资源的大量消耗的基础上，从"六五"到

"八五"期间，香格里拉的生态环境破坏比较大。比如中甸县的木头财政，40多年来森工生产、采伐原木为中甸县各族的生产生活和发展提供了保障，但是随着木材的大量采伐，生存发展与生态保护之间的矛盾也随之显现。当地政府也认识到了这一点，为解决这一格局，自1994年，中甸县先后控制了伐区，并采取封山育林、划定保护区等措施，对尚未遭到人为破坏的原始森林区进行有效的保护。特别是1998年9月起，中甸县实行一步到位的调解方法，全面封存采伐工具，全面停止天然林采伐，做到依法护林，依法治林。加大保护动物、植物的力度，并颁发了《关于禁止捕杀野生动物的通知》。为把香格里拉建设成世界级旅游城市，力求做到不污染：做到空气不污染，搬迁对环境有害的工厂；做到垃圾不污染，处理一切原有垃圾，控制白色污染；做到水源不污染，保证河流、湖泊水源的纯净；做到声音不污染，控制城市的噪音分贝。并实施异地移民搬迁，对因生产和生活造成生态破坏的部分牧民进行异地搬迁，同时，与美国、新西兰、苏格兰等国外政府合作，启动国家森林公园建设项目及社会林业发展等环境可持续发展项目。

对民族风情的宣传。大多数游客对香格里拉的了解，大多是表现在自然景观，然而多民族风情习俗又是香格里拉人文生态旅游资源的重要的一部分。对此，当地政府对景区方面通过加大对民俗风情的宣传和旅游设施的配套建设来促进。如建立藏民族风情公园，在草原建立旅游牧场，搞好家庭旅馆的建设，等等。营造香格里拉的乡村韵味和康巴风情，使整个旅游行程更多地融入了当地文化，并提高了旅游者的参与程度；对古民居进行保护，撤除了不协调的建筑物，建设香格里拉文化中心、香格里拉景观长廊、民族风情演艺广场及康巴风情民俗接待区、商贸步行街等项目；严禁少数民族地区旅游城镇汉地化和城市化，保护香格里拉的文化环境，把香格里拉建成具有浓郁香格里拉韵味的文化旅游目的地。

旅游容量控制。设定容纳游客的最大限量指标，通过控制门票的出售量来缓解旅游人群的压力，并维持景区道路畅通，对游客进行旅游指导工作，游客的不规则活动行为得到减少。

开展多元化的特色旅游项目。香格里拉已经开发了特色旅游项目，包括雪山、冰川等自然景观和茶马古道、卡诺遗址、民族风俗等人文景观。还应根据香格里拉生态旅游区资源的特点和优势，丰富完善香格里拉景区的旅游产品结构，加大旅游观光、度假和专项旅游三大体系的旅游产品建设，利用香格里拉的知名度，开发建设面向国内外高端市场的高原自然生态观光、康巴民族风情体验、康巴文化探密、高原风光和民族风情摄影、长征文化体验、徒步探险等跨区域和特色专题旅游，构建内容丰富、形式多样、多层次的旅游产品结构，既可满足不同客源市场的需求，又使旅游者分散于各地，缓解对环境造成的压力和危机。

只有做到有效保护环境，才能更好、更持续地发展生态旅游，而香格里拉终将成为一块更神秘美丽的土地。

【点评】香格里拉生态旅游业发展潜力巨大，政府在开发时，必须要明确划分政府职能，避免出现管理混乱或者管理无力的现象，更重要的是制定一套完整而有效的环境保护制度，并加强环保意识的宣传。

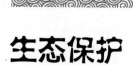

生态保护

SHENG TAI BAO HU

生态词典 light pollution【光污染】广义的光污染包括一些可能对人的视觉环境和身体健康产生不良影响的事物。

glare【眩光】视野中由于不适宜亮度分布，或在空间或时间上存在极端的亮度对比，以致引起视觉不舒适和降低物体可见度的视觉条件。

特卡波：世界首个星空"自然保护区"

"我曾经到过一个地方，到现在还无法忘记，我想带着我的爱人到那里去。在那里，有时你会感觉自己和月光、湖水融为一体，成为无比广阔和伟大的自然的一部分。住在那里最好不过了，你会感到伸手就可以摘下天上的星星。"这是出自上世纪三十年代美国电影《一夜风流》中的一段台词，其中所描绘的如童话世界一般的胜地并非臆想或虚构，而是真真切切地存在于这个世界。

新西兰南阿尔卑斯山西临太平洋海岸，挟高耸陡峻之势驰向东北，至南岛中部的库克山，威势达至顶峰。在库克山与马更些盆地的心脏地带，孕育了那个如童话世界一般的胜地，拥有全世界最美星空的小镇——特卡波。

据说，"特卡波"这个名字来源于毛利语，意思是"晚上的草席"，还有另外一种翻译是"星空下睡觉的地方"。当你身临其境，在晴好的夜晚躺着仰望特卡波的星空，你会深刻体会到"特卡波"这个名字再合适不过了。你能清晰地看到银河在夜空流淌，大团星座静谧而璀璨，天空就像一条星光灿烂的毯子。

特卡波之所以成为最佳观星地并非没有科学根据，它位处高地，从南阿尔卑斯山吹来的气候，使得特卡波地带每年的降水量在575毫米左右，全年气候稳定，可以说是全新西兰晴天日子最多、降雨量最少、空气质量最好的地方，因而也拥有全球最好的星空。

这样的美景虽属于造化之功，但也离不开人力的作用。为了使头顶的这片星空保持纯净，特卡波镇居民从1981年起便开展了一项保护黑暗的运动，对景区周围30公里区域内的公共和私人灯光进行了限制。当夜幕降临时，世界上所有的城市都在用五彩缤纷的灯光装点繁华，特卡波镇的居民则用低耗能的钠灯黄色光替代了白色光，而且灯只向下照。

至于非居住区，他们则尽量避免使用灯光。比如路灯的设计就是经过了严格的科学计算，从而达到了这样一种效果：光束能够准确地照射到需要照明的地方而不向四周漫射。另外除了观景中心地带，所有纪念碑或建筑物外表的照明都严加控制，以减弱眩光和夜空辉光。午夜之后，所有的观景灯光和广告灯光都必须关闭。

通过这些措施，如今的特卡波小镇已处于黑暗之中，但特卡波的居民因黑暗而无比自豪，他们说："是黑暗点亮了我们每一个人的心灵，通过大家的齐心协力，我们享受到了美丽而充足的星光。"

在光污染日益严重的今天，一片纯净而璀璨的星空已是求之难得，星空俨然已成为全人类稀缺的资源。为了呼吁大家重新重视并保护清澈的星空，特卡波小镇于2005年向联合国教科文组织提出建立"星空自然保护区"的申请，并引起高度重视。联合国教科文组织考虑到光污染给人类和生态环境健康带来的负面影响，决定变更"世界遗产"的界定，于城市、建筑、艺术、文化范围之外新辟了一项自然遗产，并于2009年10月通过特卡波小镇的申请，特卡波也正式成为世界上第一个"星空自然保护区"。

"星空自然保护区"的建立是为了保护，更是为了引导和呼吁，呼吁人们减少光污染，还夜空一片黑暗和静谧，让被现代快生活驱策的人们能够放慢脚步，去享受美丽的星光，重温儿时的乐趣。

　　【点评】光污染营造的视觉环境已经严重威胁到人类的健康生活和工作效率，并且对昆虫的繁殖和植物的生物钟节律造成不同程度的破坏，其危害显而易见，然而却又最容易被我们忽视，甚至没有被纳入环境防治范畴。呼吁人们关注视觉污染，改善视觉环境，"星空自然保护区"的建立无疑意义重大。

　　habitat【栖息地】动物们休息、睡眠的地方。

migrate【迁徙】为了觅食或繁殖周期性地从一地区或气候区迁移到另一地区或气候区。

墨西哥蝴蝶谷：美洲帝王蝶的"冬宫"

在世界八大自然奇观中，有七处是地理奇观，另外一处为我们展示的则是大自然的生命奇观。这个孕育生命奇迹的地方便是墨西哥蝴蝶谷，是米却肯州中部一片海拔3200米的丛林山区，它在每年的11月初至来年的3月都栖息着数以亿计的美洲帝王蝶，从而形成世界八大自然奇观中的绝妙一景。

其实说"孕育生命奇迹"并不准确，墨西哥蝴蝶谷不过是美洲帝王蝶在制造生命奇迹之前的栖息地。

长着橙黑两色翅膀的帝王蝶是世界上唯一具有迁徙习性的蝴蝶，原产于北美洲地区。帝王蝶喜欢温和的气候，每年秋季数以亿计的帝王蝶向南飞行5000公里，历时两个月抵达墨西哥中部的米却肯州的丛林过冬。来年3月，北美的乳汁草逐渐茂盛，以乳汁草为食的帝王蝶又将一路向北飞回原地，悲壮的生命奇观便出现在这回迁的路上。

在北徙的途中，雌性帝王蝶在乳汁草中产卵，产卵区域绵延1600公里。至3月底，大部分帝王蝶已经飞出墨西哥到达美国得克萨斯州，然而也在此时走到生命的尽头。就像接力一样，只需12天便迅速孵化出来的第二代帝王蝶接棒继续北飞。第二代帝王蝶同样在途中产卵，这些蝶卵在6周之后成为第三代后继者，继续着悲壮的事业。等到达目的地加拿大时已经是第四代帝王蝶了。然而不需多久，第四代帝王蝶就将遭遇北美严寒，它们又将一路向南，飞回祖先过冬的墨西哥。让人不可思议的是，历经4代，飞越5000多公里回到蝴蝶谷，它们居然奇迹般地栖息在自己曾祖曾经居住的那棵树上。至于是什么样的原因致使帝王蝶隔了几代仍然找到相同的过冬地点，现在仍然不得而知。

在保护这一自然奇观方面，墨西哥政府自知责无旁贷，为保护帝王蝶作出了诸多努力。政府将帝王蝶的栖息地辟为保护区，并颁布法规：严禁捕捉蝴蝶，即便是已经死亡的蝴蝶，也不能带出保护区或者用于制作标本。4月帝王蝶飞走的时候，蝴蝶谷也停止对外开放，进行环境恢复。

2006年7月，墨西哥又联合美国和加拿大加大保护力度，三国野生动植物保护部门达成了一项共同保护美洲帝王蝶的协议，并建立了"美加墨三国帝王蝶保护网"。根据协议，由三国13个部门组成的系统，其保护工作贯穿蝴蝶谷、迁徙途经区域和越冬栖息地。

2007年11月，墨西哥政府宣布了一项保护帝王蝶越冬的计划，这项计划也得到了美国和加拿大政府以及私人的捐助。为了阻止人为非法砍伐杉树导致栖息地减少，墨西哥政府联合相关科研机构、环保组织和私人团体共同维护帝王蝶保护区。首先由政府颁布法规禁止进入蝴蝶谷砍伐森林，同时由私人团体出资植树造林并开发环保旅游项目，以帮助那些过去以砍伐森林为生的当地人通过正当途径获得收益，此举收效显著，许多伐木者变身为护林员。此外，政府还有偿雇用当地人组成巡逻队，制止砍伐森林行为。多管齐下的保护措施取得了令人欣喜的成绩，蝴蝶谷保护区的森林逐年恢复，至2011年的冬天，米却肯州的冷杉林实现了"零砍伐"。

【点评】墨西哥政府作出的巨大努力得到了环境保护者们的一致称赞，然而保护帝王蝶的工作依旧任重道远，墨西哥、美国和加拿大三国政府正加大保护力度，为"让后人同样能够欣赏到这个高贵生物创造的生命奇观"而积极配合。

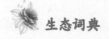 **生态词典** **rainout【雨沉降】** 随降雨而来的固体沉降物。

soil loss【土壤流失】 因侵蚀(主要是水蚀作用)造成的土壤流失。

哥斯达黎加热带雨林

　　哥斯达黎加是位于中美洲赤道附近的热带国家，东临加勒比海，西靠北太平洋。丰沛的雨水致使哥斯达黎加的森林覆盖率曾经高达惊人的90%，然而由于该国经济模式和人口增长等诸多因素，森林覆盖率严重衰退，20世纪50年代降至50%，而至90年代，森林覆盖率只剩下17%。有专家预计，如果以这种毁林速度，境内雨林到2020年将消失殆尽。

　　好在哥斯达黎加政府幡然醒悟，认识到了生态环境的重要性，护林举措相继出台，其中影响最为深远的大手笔便是转变经济模式，利用自然资源优势大力发展生态旅游业。从此，一场巨大的变化在哥斯达黎加悄然发生，不管是经济还是环境，面貌都为之焕然一新。

　　在全面发展旅游业之前，哥斯达黎加的经济模式单一，主要向国际农业市场输出需求量大的农产品，而当市场达到饱和后，国内又专注于生产另外一种农产品从而形成新一轮单一经济。这就像是一个死循环，但每一次作物变更都伴随着大量的毁林活动，可以说，是众多牺牲的自然资源支撑起了哥斯达黎加的经济，所以导致的后果是森林面积锐减，土壤流失日益严重，全国半数以上的土地存在不同程度的侵蚀。

　　知道自身经济的脆弱性和依赖性，哥斯达黎加政府于20世纪90年代初决心改弦更张，大力发展生态旅游业，开始大规模建设旅馆、度假村、国家公园和自然保护区。短短几年间，旅游业就发展到了一个非常高的水平，到2000年全年的客流量就突破了80万人次。

旅游业能够在哥斯达黎加迅速发展，得益于其自身的强大潜力。首先，哥斯达黎加拥有丰富的动植物资源，生物的质量和多样性闻名遐迩，仅占全世界面积万分之三的国土上拥有全世界5%的生物量。其中有已经得到确认的植物就超过12000种，另外有1200多种蝴蝶，850种鸟类，350种爬行和两栖动物，以及205种哺乳动物。再者，哥斯达黎加还拥有生态资源组合优势，除了雨林外，哥斯达黎加境内还拥有众多的休眠火山、古运河河道、加勒比海绿海龟栖息地、生态观赏农业区等，能够满足游客在短时间内领略多种类型生态旅游区的心理。此外，有着1290千米长的海岸线让哥斯达黎加具备了开发垂钓、冲浪和潜水等生态旅游项目的条件。这些自然条件优势共同构成了哥斯达黎加在生态旅游业上的强大竞争力，也顺理成章地使之成为业界的佼佼者。

发展生态旅游业，哥斯达黎加政府非常重视可持续性，一系列环境保护政策法规相继出台，比如禁止居民砍伐森林，并积极鼓励居民参与旅游业以弥补他们的收入。值得重视的是，2007年哥斯达黎加政府正式推出旨在加强环境保护、防止气候变暖、促进再生能源利用的"与大自然和谐共处"计划。根据该计划，哥政府将在加强国家公园体系、植树造林、控制有毒和危险物质排放、保护海洋生态环境等12个领域采取环保行动。

更值得称道的是哥斯达黎加将环保行动推而广之，大力推动发达国家对环保工作出色的发展中国家减免债务。而这一举措也收到了成效，2007年10月美国和哥斯达黎加签订了一项协议，同意把哥斯达黎加欠美国的2600万元债款转换为保护热带森林的资金。

一些重大举措的成功使哥斯达黎加的环境保护工作享誉世界，生态旅游业为其带来了巨大经济效益，而这又促使哥斯达黎加人不断强化环境保护意识，"如果旅游业的开发不能为保护动植物作出贡献，不能预防和修补环境的退化，不能为当地社区带来经济利益，不能保护当地文化，那么这种行动就是不道义的"，当地生态旅游公司的普遍意识很好地反应了这一点。这样一种良性循环机制为其带来了经济发展和环境保护的双重效益。

　　成功完成经济转型之后，如今哥斯达黎加的森林覆盖率恢复到50%以上，国家生态保护公园的占地面积超过国土面积的25%。

　　【点评】大规模单一农业经济模式消耗大，给哥斯达黎加造成了极其严重的环境污染、物种灭绝、资源短缺等生态灾难，发展以保护环境并创造经济效益为目的的生态旅游业，是哥斯达黎加在对农业文明和工业文明进行理性反思后选择的一条可持续发展道路。

secondary forest【次生林】经采伐和破坏后又自然恢复的森林。

throughfall【透冠雨】透过树冠或植冠直接到达地面的降水。

尼泊尔巴格马拉社区森林

　　地处喜马拉雅山脉南麓的尼泊尔号称"高山王国"，境内拥有包括珠穆朗玛峰在内的全球最高十座山峰中的八座，借此瑰丽壮美的自然风光，尼泊尔理所当然地成为拥有发达旅游业的国家，境内14个国家野生动植物保护公园很好地表明了这一点。保护区内普遍设有徒步旅游和狩猎旅游项目，而其中最享有盛名的当属皇家奇特旺国家公园。

　　皇家奇特旺国家公园是印度和尼泊尔之间喜马拉雅丘陵地带中为数不多的未遭破坏的自然区域之一，也是亚洲独角犀牛和孟加拉虎的最后栖息地之一。该保护区生物资源丰富，每平方公里的生物重量可达18950公斤，傲视亚洲其他任何一个地方。

　　在几十年前，皇家奇特旺国家公园以其独有的珍稀动物和丰富的生物群吸引游人络绎不绝，有一项统计表明，到尼泊尔的游客会选择去奇特旺的人数达到了惊人的92%。然而由于缺乏科学的管理和保护措施，皇家奇特旺国家公园的活力遭到严重破坏，生物和游客的数量都在衰减。为使奇特旺恢复往日的朝气，尼泊尔政府陆续采取了一些重大的应对措施，先是于1984年登上联合国教科文组织世界遗产名录，后于1989年在奇特旺周围建立了一片人工次生林。

人工次生林最初的功用是作为皇家奇特旺国家公园与居民区之间的一个缓冲地带，避免园中生物出来破坏庄稼，同时也阻止当地居民的偷猎行为。在1993年尼泊尔"森林行动计划"开展之后，这片人工次生林由巴格马拉森林开发集团接管，从此这片人工次生林被定名为巴格马拉社区森林。

在巴格马拉森林开发集团接手之后，这片次生林焕发了新的生机。森林开发集团在林中搭建观景塔和旅店，推行包括独木舟旅行在内的多项旅游项目，而且设立监管委员会来控制森林游客的数量。同时出台多种环保措施，诸如有节制地伐取木材制度、建立系统的公共卫生设施等，从而避免了滥伐、不可降解垃圾公害和水污染等严重的环境问题。另外，旅游业的收入，部分会被用于雇佣森林警卫、培训当地导游以及资助当地的学校。

最值得称道的，也是巴格马拉社区森林优于其他人工次生林的地方在于，当地居民能够参与到旅游业中来。政府允许当地居民在制度的规定下开发森林产品和生态旅游，允许他们在区内建造旅店和组建旅行社。这些措施使得当地居民意识到生态环境与自身利益攸关，因而具有强烈的环保意识。其他地区则不然，当地居民无法参与旅游业，旅游业所产生的收入全部纳入政府囊中，而居民则几乎没有受益，因而他们对政府感到失望，同时对保护区的开发计划失去参与热情。所以这些次生林缓冲区与巴格马拉社区森林不可同日而语，林区往往人满为患，森林破坏殆尽。

经过数年的开发，巴格马拉社区森林不但成功起到了缓冲区的作用，为野生生物数量的回升发挥了重要作用，而且增加了当地居民的经济收入，更重要的是成为森林产品和生态旅游的发源地。

时至今日，随着环境系统和野生生物数量的逐渐恢复，巴格马拉社区森林作为缓冲区的作用已经不像从前那么明显，而其在生态保护和旅游业方面的价值则日益凸显。

【点评】许多生态保护区存在这样的现象，因为区内的动物或者树木等资源是当地居民的生活来源，明智的做法是让他们参与保护工作来满足生活需求，而非用强暴的争夺的方式将他们推向竞争对手的位置。

生态词典 **overwintering【越冬】**指动植物、昆虫、病菌度过冬季。

recolonization【重定居】一个物种曾经存在于某区域，但随后消失，现在又在该区域重新出现。或者某个区域原先存在一定生物区系，但随后物种全部消失，现在又有物种移入。

日本全民护鸟行动

　　日本是个海岛国家，自然环境非常优美，全境多山地丘陵，全年温差不大，森林覆盖率也很高，达到65%以上，非常适宜鸟类的栖息繁殖，所以常驻和迁徙鸟类很多。尽管总体上日本鸟类的种类和数量还不及中国，但由于重视对鸟类的保护，在日本很多城市及其周边的公园、绿地都能发现很多野生鸟类的踪影，其中也不乏一些珍稀品种。

　　日本十分重视鸟类的保护，不仅政府和有关部门重视鸟类的保护工作，而且已经成为全民的一种自觉行为。日本二战后百废待兴，国家经济窘困。在这种困难情况下，国家环境部门依然年复一年扎扎实实地在鸟类保护方面做了最大工作。全国每个行政区都有自己代表的鸟类，并明确加以保护，早在1947年，就明确规定每年的4月10日为全国的"爱鸟日"。1958年将"爱鸟日"改为"爱鸟周"，具体时间为每年的5月10日至5月16日，爱鸟周期间全国新闻单位会集中力量宣传普及爱鸟护鸟知识，并且从1966年开始，每年会组织召开一次全国性的野生鸟类保护集会，并对在爱鸟活动中取得优异成绩的单位及个人进行表彰和鼓励。在出水、北海道鹤类越冬地，进行人工投食招引保护鹤类，在其他季节也开展群众性的广泛设置食物台、沐浴地、木板巢箱等措施招引和保护鸟类活动。这对激发全民保护自然、保护鸟类的热情产生了积极的推动作用。关于鸟类保护的投资，除群众自觉地为保护鸟类自筹资金作为管理费用外，对保护区的调查、规划、管理均由政府主管机构投资。

制定严格的鸟类保护法规，根据日本的《关于鸟兽保护和狩猎之法规》及《有关鸟兽保护和狩猎法规施行令》，除属于经济鸟类的雁鸭、雉科等允许季节性有计划地进行运动性狩猎外，其余鸟类均禁止猎捕。所有集群性鸟类的主要栖息地大多划为保护区或者季节保护地。

日本拥有一个上下贯通、组织严密的护鸟团体，全国性的鸟类保护组织有日本鸟类保护联盟、日本野鸟会、山阶鸟类研究所、全国爱鸟教育研究会等。日本野鸟会为日本从事鸟类保护工作的最大机构，始建于1934年，成员遍布爱好鸟类的社会各阶层人士，到目前为止，会员已超过15000余人。野鸟会任务是从事爱护鸟类的宣传教育、开展鸟类科研调查工作和研究保护鸟类的人工生物学措施的使用。并且生物科研与自然保护教育相结合，日本野鸟园、森林科学园和自然教育园都纳入了城市建设统一规划，有完备的设施，并且全部对外开放，既搞科研又搞社会教育，既是游览景点，又是教育场所，不失为一条可贵的经验。

另外一方面，重视开展鸟类保护教育活动，由于日本国民的高度教育水平和文化修养，今天的日本国民已经普遍具有较高的科学和环境意识。日本政府非常重视向国民进行爱鸟护鸟的宣传教育，有关部门会针对不同年龄段层次的国民举办内容丰富的展览，出版刊物来宣传鸟类保护知识与意义，特别是对儿童的教育重点抓起，影响深远，并将爱鸟护鸟教育付诸实践，在日本很多中小学都专门设置有小型自然保护区，让学生培育树木、花鸟虫鱼，招引鸟类，同时开展写鸟、画鸟、讲鸟、探鸟等一系列活动，从小培育学生热爱自然的情操。开办爱鸟模范学校，据统计，在日本各类爱鸟教育模范学校已经多达1000多所，爱鸟模范学校的具体标准由国家环境厅统一制定，日本鸟类保护联盟给予实物资助和业务指导。

日本人对自然的热爱和保护是值得敬佩的，其为保护鸟类所付出的行动和留下的宝贵经验是值得借鉴与学习的。

【点评】生态文明以尊重和维护生态环境为主旨，强调人们自觉履行保护环境的职责和义务，这离不开政府的宣传和教育，日本国民重视和保护鸟类的环保意识，与日本政府的价值导向作用密切相关。

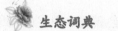

生态词典　predation compensation【捕食补偿】在捕食量强烈波动条件下猎物种群维持恒定大小的机制。因为种内竞争随捕食变化而变化。

natural disturbance【自然干扰】无人为活动介入的在自然环境条件下发生的干扰，如火、风暴、火山爆发、地壳运动、洪水泛滥、病虫害等。

缅甸胡康河谷老虎保护区

胡康河谷位于缅甸最北部，与印度接壤，是世界上最大的野生老虎保护区。缅甸政府在保护老虎方面所作出的努力受到多方称赞，美国野生动植物保护协会负责人之一安东经·林纳姆就此事发表看法："在保护老虎方面，缅甸政府比亚洲任何其他国家做得都要多，缅甸的计划是里程碑式的，这是值得赞赏的。"

在辟为老虎保护区之前，胡康河谷以"死亡谷"闻名于世，这是因为在第二次世界大战时，缅甸难民为躲避日军迫害想要穿越胡康河谷逃往印度，结果全都葬身于此，这埋葬了成千上万亡魂的胡康河谷从此便有了"死亡谷"的称号。2001年4月，胡康河谷脱掉了它"死亡谷"的帽子，迎来了新的契机，缅甸政府批准将山谷内的无人区辟为生态保护区，旨在保护濒危大型猫科动物老虎。促成这项决议，有一个人功不可没——国际野生生物保护学会太区科学部主任艾兰·拉宾诺维茨博士。

1993年初，艾兰博士获得缅甸政府批准，首次进入这个与世隔绝的山谷。这次探索让艾兰惊喜不已，他猜测这里可能栖息着世界上数量最多的野生虎群，估计总数量可能会达到惊人的1000到1500只。初探工作结束之后，艾兰开始酝酿一个计划，并进行筹备工作。时隔6年，艾兰带来一支考察队，准备做一次长期而细致的考察。艾兰发现，这个"死亡谷"到处都充满了生机，山谷年降雨量达3800毫米，充沛的雨水养育了这里茂密的原始森林，野生动物随处可见，除了老虎之外，这里还生活着许多大象、花鹿、野猪、黑熊、珍贵的黑豹以及印度野牛，更令他们惊喜的是，这里还生活着一种濒临灭绝栖息在树上的白翅栖鸭。

经过长达两年时间的考察，艾兰发现野生老虎的真实数量远没有当初预计的那么乐观，大概只有300到400只。不管是当初估计错误还是这六年间发生了什么，艾兰的脑海里只有一个念头，建立老虎保护区，而且迫在眉睫。

艾兰回到仰光之后，立即向缅甸政府提出申请，并很快得到了答复，于是胡康河谷中面积6400平方公里的无人区被辟为生态保护区。然而保护区的推展并非一帆风顺，因为之后一年在这片区域发现一个金矿，附近一个原本还有500人的村庄迅速发展成1万人的重镇。2002年11月，艾兰再次回到这里，山谷的变化出乎他的意料，原本纯净的山谷此时垃圾遍地。其间出现的环境问题和严重的捕杀现象让艾兰决定重新调查老虎的数量，确保老虎保护区名副其实。

这一次调查小组共有7人，其中有经过专门训练的缅甸林业局和国际野生生物保护学会成员。三个月的调查结果显示，大概只有100多只老虎。为了改善老虎的环境，艾兰认为保护区必须扩大到整个山谷，而不仅仅是核心无人区，于是决定再次向缅甸政府申请扩大保护区面积。这注定是一场艰难的挑战，他不但要说服贫穷的缅甸无条件划出两万平方公里的原始森林做保护区，还要协调反政府武装克钦独立军和生活在山谷里的两个部落苏族和加纳族。

在艾兰不懈的努力下，2004年4月，缅甸政府高级官员、各环保组织的专家、金矿矿主、苏族、加纳族代表和荷枪实弹的克钦独立军首领相聚密支那市政中心，共同商议扩大保护区一事。会议达成一致，缅甸林业部同意将保护区面积扩大至21890平方公里，并组织流动教育宣传队，提高村民的保护意识。

胡康河谷老虎保护区的建立和发展，凝聚了艾兰·拉宾诺维茨博士十年的心血，如今这里已成为老虎绝佳的栖息地，如果管理得当，山谷中的野生老虎数量会成倍甚至十倍地增长，届时胡康河谷将成为拥有老虎数量最多的地区。

【点评】世界上有许多像艾兰·拉宾诺维茨博士这样致力于环保事业的有志人士，他们态度严谨，矢志不渝，通过身体力行的方式向人们传达环保理念，为环保事业作出了杰出的贡献。

生态词典 **food chain【食物链】**乙种生物吃甲种生物，丙种生物吃乙种生物，丁种生物又吃丙种生物等一连串的食与被食的关系。

environmental cost【环境代价】因开发某种资源对环境造成的伤害。

乌干达山地大猩猩保护区

　　山地大猩猩是东部大猩猩两个亚种之一，因为栖息在海拔2000米以上的山地而得名，分布在乌干达、卢旺达和扎伊尔交界的维龙加山地区，直到1902年才被人类所知。山地大猩猩属于全球十大珍稀濒危物种之一，2003年的统计数量只有700只，被列入国际自然保护联盟濒危物种红色名录。

　　由于栖息地的缩减、捕杀、人类疾病以及战争原因，山地大猩猩面临着灭种的危机。为了保护山地大猩猩，使之生存下去，境内拥有半数以上的山地大猩猩的乌干达将它们的栖息地设立成保护区，即布温迪国家公园和姆加新加大猩猩国家公园，并推出了以观赏大猩猩为主的旅游项目。

　　在这项旅游活动中，导游和猎犬至关重要，因为公园管理处严格规定只有拥有正式导游和猎犬的旅行团才能够进入栖息地，而游客想要加入这样的旅行团，就必须从公园管理处购买许可证。游客必须跟着他们在森林里徒步寻找大猩猩，通常要花费四到五个小时。

　　为了不影响大猩猩的生活习性和保证游客的安全，公园要求导游必须对大猩猩的行为方式和生活习惯了如指掌，能够准确地解读大猩猩的行为并作出正确的判断。比如导游需要判断从哪个方向接近大猩猩更合适，也需要拿捏好游客和大猩猩之间的距离，游客什么时候才能对大猩猩进行拍照也需要导游作出正确指示。

另外，两个公园对观赏大猩猩的游客人数进行严格控制，采取的办法就是限制出售许可证。在此规定下，每年只有3600名游客能够进入保护区观看大猩猩，并且禁止15岁以下的儿童和患有感冒或者其他传染病的成年人进行参观，以防止游客将疾病传染给大猩猩。

以上合理的措施使得乌干达这两个保护区避免了在刚果民主共和国境内发生的悲剧。在刚果民主共和国卡胡兹别加国家公园内，导游在组织游客进行观赏大猩猩活动时，会故意用各种方式挑逗大猩猩以此娱乐游客。而且这里对观赏大猩猩的游客人数没有严格限制，致使发生过两次重大危及大猩猩的事件。1988年，有33只大猩猩被游客携带的呼吸道系统疾病感染，导致6只大猩猩死亡，剩下的27只在经过注射抗菌素后才得以幸存。1990年，由于有游客患有支气管肺炎，35只大猩猩中有26只受到感染，其中两只由于抢救无效致死。

乌干达因为大猩猩观赏项目，每年光门票费用就赚取一百多万美元，按照规定，这些收入直接由公园管理总部保管，全部用于保护大猩猩的相关活动。其中大部分资金作为保护大猩猩的专项基金，用来完善保护山地大猩猩的各项措施，有一定比例的资金返还当地社区，以支持社区发展项目和补偿大猩猩偶尔给庄家造成的损失，而且还将抽取一定的资金组成一支侦查小组，专门负责打击偷猎活动。

另外，在国际野生动物组织的资助下，当地野生动物保护组织已经建立起了一套较为完善的监测系统来密切监测大猩猩的生活分布情况。他们每五年对山地大猩猩进行一次数量调查，并以此来评估保护措施的实际效果。

这些措施卓有成效地为山地大猩猩提供了一个优越的栖息环境，根据乌干达科研小组为期两个月的第四次普测，结果显示境内目前山地大猩猩的数量上升到440多只。

【点评】圈地保护是保护稀有及濒危物种的一个重要手段，但生态保护不仅仅是简单的圈地，更需要自然资源保护者对经济和生态条件进行正确的评估，使生态保护可持续下去。事实证明，以利用实现保护是一个行之有效的办法。

印度"大象工程"

在印度社会的传统文化中，大象一直被视为神灵的化身，人们对其充满敬畏。然而在今天，这个在印度保持了2000多年的传统已经发生改变，人和大象已经走到了对立面。现在世界各地都存在人和动物之间发生冲突的现象，人口急速增长、耕地面积和放牧扩张造成双方争夺食物和生存空间是矛盾根源。而这种矛盾在人和大象之间尤为严重，尤其是在印度。

印度亚洲象是世界上仅次于非洲象的第二大陆地动物，一般身高约9米，体重可达6吨，一天要消耗200公斤左右的食物。对食物和生存空间要求如此巨大的大象，在拥有10亿人口的印度，其生存形势之严峻不言而喻，双方冲突之剧烈也可想而知。每年都有一定数量的印度居民和大象在冲突中丧生，并有大量的经济作物遭到破坏。

在冲突中，大象注定是更惨的一方，加上盗猎行为，大象的数量正在急剧下降。而且因为盗猎行为，导致大象的性别比例严重失调，在很多地区，通常100多头母象中才有一头雄象，因为通常只有雄性才长象牙。大象已经成为一种迫切需要保护的濒危物种。

为了改善大象生存境况，印度政府于2010年决定授予大象"国家遗产动物"的头衔，给予其和濒危老虎同样水平的保护措施。

印度政府成立一个评估小组，对大象数量及其栖息地进行重新评估。在近几十年间，人口的增长和经济的快速发展致使大量毁林垦田现象的出现，大象的栖息地被压缩和碎化，使得大象的数量和分布情况都发生了重大改变。评估小组在通过调查掌握了大象的准确数量和分布情况之后，又对大象的活动规律、生活习性以及种群结构做了深入的研究，为政府进行科学规划提供依据。

随后，印度政府实施了一系列帮助维持大象数量、减少人象冲突的措施。开辟新的大象保护区，并在保护区周围建造碎石墙和带刺的铁丝网，防止村民进入区内放牧，也避免了大象踩踏农作物；退耕还林，大量种植大象喜食的竹子、野芭蕉等；规划出一定的区域，用于进行有限制的烧荒，防止其恢复成林，以达到自然更新出被大象食用的新植被的目的；设置过渡区，区内允许部分砍伐，既能产生经济收入还能保证植被更新。

大象是一种具有迁徙习性的动物，由于印度的交通状况，大象在迁徙途中的安全常常受到威胁，经常发生火车、卡车等交通工具撞死大象的事件。有时候还会因为迁徙的路线被人类的围篱截断，大象必须绕远路，其中也有许多因为体力不支而死亡。鉴于此，印度政府在大象迁徙途中的矿区、灌溉区以及其他工业区内建造了大约90条"走廊"。这些走廊不允许车辆经过或者对车辆进行管制，以保证大象途中的安全，由特别成立的大象保护机构"国家大象保护局"管理。

印度政府还采取了补偿机制。当大象进入人类活动区，对经济作物造成破坏，政府通过一定的补偿来缓解村民对大象的不满情绪。

另外，为提高大象保护区警卫的工作热情，印度政府通过提高待遇、提供更好的训练和更现代化的装备等方式以改善他们的工作条件。

这一系措施列表明，大象的保护工作确确实实地被提到同老虎保护工作一样的水平，希望印度政府能够全面而严格地进行相关保护工作，避免这次"大象工程"出现和当年"老虎工程"一样的后果。

【点评】因为大象对食物和生存空间的要求巨大，而且大象具有超强的记忆力和顽固的复仇心，因此与人的冲突尤为激烈。印度"大象工程"是解决这一矛盾的有益尝试。

生态词典　　**water conservation【水源涵养】**是指养护水资源的举措。一般可以通过恢复植被、建设水源涵养区达到控制土壤沙化、降低水土流失的目的。

habitat【生境】动植物所处的自然环境。

拯救藏羚羊行动

　　藏羚羊主要生活在我国青藏高原海拔4100至5300米的高寒区域，另有少量分布在印度拉达克地区。长期以来，藏羚羊是被公认的青藏高原自然生态系统的重要指示物种，具有重要的科学和生态价值。

　　藏羚羊生活在苦寒地区，能够耐住严寒，全凭身上被称为"羊绒之王"的绒毛，不但保暖性极强，而且轻软纤细。用藏羚绒织成的披肩"沙图什"精美华贵，成为欧美等地富豪标榜身份、追求时尚的一种标志。随着这种时尚风气的形成，沙图什贸易日益频繁，不计其数的藏羚羊成了罪恶时尚的牺牲品。到1995年，藏羚羊的数量从100多万降到了只剩5万，藏羚羊的栖息地成为世界上最残酷血腥的屠宰场。

　　为了拯救这一古老物种，我国政府相继出台措施，将藏羚羊列入国家一级保护动物，开辟自然保护区，建立管理机构，开展执法巡护和打击盗猎活动等。

　　1995年10月，我国政府在藏羚羊的主要栖息地可可西里地区建立省级自然保护区，两年后又升级为国家级保护区，面积扩至5万平方公里。并对保护区加大投入建设，完善必要的基础设施，使得保护区工作得到加强。同时呼吁社会各界人士关注和保护藏羚羊。此后，又有羌塘、阿尔金山等数个国家级保护区成立，总面积扩至40万平方公里。

保护区管理部门在加强保护藏羚羊工作中注重保护宣传与联防巡山相结合。在藏羚羊的重点分布区，管理局会着重进行宣传教育，如在青藏公路沿线的居民点、乡镇进行现场宣传，发放宣传资料，召开座谈会等。并在保护区内加强巡防，严禁一切危害藏羚羊资源和栖息生境的人为活动，如挖黄金、捞卤虫等，不断提高公众的保护意识。在特别时期，自然保护区的管理部门都会采取特别行动。每年在6月至8月藏羚羊迁徙期、产仔期，年底至第二年年初藏羚羊交配繁殖期，管理部门都会组织武装巡山队开展"保驾护航"行动，为藏羚羊营造"安全通道""安全洞房""安全产房"。

为了进一步加强保护区的管理工作和打击偷猎活动，我国政府与国际爱护动物基金会密切合作，多次对保护区内的巡护人员和执法人员提供藏羚羊保护与执法研讨培训，大大提高了工作人员的专业技能。

此外，为了从源头上消除打猎活动，我国国家林业局发布了《中国藏羚羊保护白皮书》，呼吁国际社会通力合作保护藏羚羊。我国政府在华约第十一届缔约国大会上提交《保护及控制藏羚羊贸易》提案并获得通过，提案敦促各缔约国减少藏羚羊盗猎及制品的走私，杜绝沙图什加工并严惩走私分子。

随着藏羚羊分布区反盗猎工作力度的加大，我国藏羚羊保护工作取得了阶段性的成果，藏羚羊案得到了有效的控制，藏羚羊的数量正逐渐回升。但不得不承认，今后保护藏羚羊的形势将更加严峻，一方面，越来越多的牧户正在逐渐迁入保护区的核心区，占据了藏羚羊等野生动物的主要栖息场所和重要的水源涵养区，使野生动物的生存空间日益缩小，这些人为干扰因素和气候变暖、大面积土地沙化等环境因素致使藏羚羊的生存环境受到严重影响；另一方面，"沙图什"贸易并未完全得到禁止，今后将面对更加隐蔽和凶狠的盗猎团伙已经具有可见性。

保护藏羚羊这一古老物种，还有一段很长很艰难的路要走。

　　【点评】因为经济利益的驱使，像藏羚羊遭受的这种大规模猎杀行为如今依然普遍存在，甚至存在于发达、文明的国家，如加拿大猎杀海豹、日本猎杀鲸鱼，而且还被合法化了，要改变人的利益观念，路还很长。

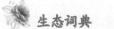

生态词典 **littoral zone【沿岸带】**有潮水涨落的地带和高潮时浪花可以激溅和飞溅到的地方。

jungle【莽林】泛指草木密集连绵而不能通过的森林；专指热带雨林。

大西洋沿岸森林拯救行动

　　巴西的大西洋沿岸森林是世界上最古老的十大原始森林之一，有一亿五千年的历史，沿着大西洋海岸线一直向内陆高地延伸数百公里。这片原始森林被称为"世界基因库"，拥有全世界最丰富的物种资源，生物种类超过百万，占全球总数的十分之一至五分之一，并且随着人类活动进入莽林深处，还将会有新的动植物面世。

　　然而在现代文明下，因为农业开发、乱砍滥伐以及城市化进程的加快，这片森林已经大幅度减少，仅剩原有面积的7%，而原来许多栖息在森林里的物种也如亡皮之毛，从此消失在地球上。剩下的森林和物种，其处境也岌岌可危，拯救"世界基因库"行动迫在眉睫。

　　20世纪70年代以来，巴西政府开始意识到国家实现经济增长不能以破坏生态环境为代价，从而开始在保护生态方面加大监管力度。1982年，巴西政府制定《环境法》和《亚马逊地区生态保护法》以加强森林保护，实现可持续开发利用。而在1988年新颁布的宪法中，加入了有关环境问题的条文，首次将亚马逊地区纳入国家遗产。同时出台了保护生态平衡的相关细则，提出了政府和公民在保护环境方面的权利与义务。巴西国家林业发展局也制定有关法律法规，对毁林烧荒给亚马逊森林造成严重灾害的个人或机构，将以破坏生态环境罪予以起诉，给予严厉的法律制裁和巨额罚款。

与此同时，巴西政府、地方机构、企业以及各类组织纷纷加入到保护大西洋森林的行动中去，一方面由政府牵头，向社会各界筹措资金，用于实施保护大西洋森林计划，事实上，从1991年至今，政府为保护亚马逊地区生态和自然资源，累计投资已超过数千亿美元；另一方面，加大森林公园和生态保护区的管理力度，对旅游开发和开展都制定了更严格的制度，比如新建基础设施须报请环境部审批，地方政府无审批权，这对行政公正、协调当地经济发展以及严格保护生态环境都是非常有益的。

保护大西洋森林不仅需要政府和社会团体的行动，更需要巴西全社会的环保意识。1999年4月14日，时任总统卡多佐签署了《环境教育法》，规定全国从小学到大学的各类学校均要进行环保教育，每个公民均有义务参与保护好自己生存的环境。

除了巴西本国长期不懈的努力之外，在保卫大西洋森林的战斗中还能看到许多国际环境组织的身影。2007年，大自然保护协会在巴西发起了一项运动，呼吁环保人士和团体共同努力，计划在2015年之前，用10亿棵树将目前尚存但却破碎化的大西洋森林连接起来，帮助它恢复活力。

这是一项十分艰巨的工程，其中最大的障碍就是资金来源，巴西政府不可能为如此浩大的项目负担全额费用。除了少部分政府资助和社会捐款外，大部分资金需要大自然保护协会从森林提供的生态服务中寻求，而他们确实也找到了一条行之有效的办法。

1997年，巴西出台的一项法律创造了一个法律框架，允许地方委员会监督地方淡水流域和制定可持续利用水资源的计划和政策。众所周知，良好的森林生态系统能够改善水质和保持水分，植树造林和淡水供应便成了上下游的关系，于是一些委员会开始向用水企业和政府征收污水处理费用和植树造林费用。如此一来，巴西农民可以因为得到更多报酬而增加保护森林的积极性，森林恢复计划便能够顺利进行，而且周边像圣保罗、里约热内卢等因为快速城市化进程而导致水源紧缺的局面也能够得到缓解，可谓一举多得。

事实证明，这些措施和行动效果显著。2011年，巴西南部三个大州的原始森林砍伐指数有了较为明显的下降，特别是在里约热内卢，这个曾经是原始森林砍伐最严重的地区，砍伐面积控制到了只有0.92平方公里。相反，由于植树造林运动，退耕还林的指数明显上升。

【点评】将破碎化的大西洋森林连接成片任重道远，然而巴西政府需要思考的问题还不止如此，它还必须思考解决在工程完成之后，如何给种树农民安排新的工作。如果没有妥善处理好这层关系，完全有可能前功尽弃。

生态词典　anthropogenic stress【人为胁迫】
由人类导致的任何一种对生命活动
不利的因子。

　　competitive asymmetry【竞争不对
称】竞争结果对竞争双方影响的不
均等性。比如，一方被杀死，另一
方占据了某种资源。

亚洲黑熊拯救行动

　　亚洲黑熊是一种性情温和的哺乳动物，因为有一弯新月状的金黄色的
毛，所以也被称为月熊。它们广泛分布于亚洲地区，被《濒危野生动植物
种国际贸易公约》列为一类保护动物，在我国属于二类保护动物。

　　黑熊目前的生存境况十分危急，其中有自然区面积不断减小、种族隔
离和熊胆交易等方面的因素，尤其是熊胆交易，致使黑熊生活在无穷无尽
的炼狱之中，严重威胁了黑熊的生存。

　　20世纪80年代初，朝鲜发明活熊取胆的办法后，养熊业迅速在亚洲
兴起，每年有7000多只亚洲黑熊被关进400多个熊场遭受残酷的折磨。它
们被囚禁在一个小得无法翻身的铁笼里，只能保持侧卧或者躺卧的姿势，
有的一个姿势一躺就是十几二十年。每只黑熊的腹部都有一个被人挖开的
洞，一根金属导管直插胆囊，然后一个托盘在导管这头承接胆汁。每天，
每只黑熊都要承受2到4次这种酷刑，疼痛使它们扭曲甚至用头部猛烈撞击
铁笼，于是又被穿上了禁锢它们动作的金属马甲。这种酷刑不仅给黑熊带
来巨大的疼痛，而且因为伤口永久不得愈合，导致溃烂和出现肿瘤，生命

受到严重危害，熊场上的熊最多只能活它们正常寿命的1/3。

此外，许多熊场会别有所图，打着"看黑熊表演，买熊胆制品"的口号将自己包装成旅游景点。他们会向前来光顾的游客推销熊掌，一旦顾客同意，他们便提着菜刀领着顾客在熊场里挑选。

许多爱心人士和有志之士，在得知黑熊正在遭受无比悲惨的命运后，纷纷站了出来，为拯救黑熊于水火而奔走。在这诸多有志之士里面，一个名为谢罗便臣的女士一直致力于黑熊的拯救工作，并作出了重大贡献。

谢罗便臣是一个生活在香港的英国人，在一次旅游活动中结识黑熊并得知它们的处境。1993年，她随团来到广州郊区的一个熊场参观，不小心误入熊屋，里面的景象把她惊呆了。60多只铁笼里分别关着一只穿着铁甲的黑熊，每只熊的腹部都插着一根金属管，屋子里充满了黑熊的呻吟声、低吼声、咆哮声和撞击铁笼的声音。在她震撼未定之时，她的后背被轻轻拍了一下，她一回头，发现竟是一头母熊从铁笼里伸出前掌搭住了她的肩，她本能地握住了熊掌，母熊也轻轻地捏了捏谢罗便臣的手心。在与母熊的对视中，谢罗便臣像是被什么击中了，"这是我一生中接受的最强烈的信息，黑熊的眼光一下子刺穿了我的心，我有一种本能反应，要为黑熊做点什么"。

这时起，谢罗便臣开始付出行动，本是国际爱护动物基金会成员的她申请计划建立黑熊救护中心，然而5年来都没有得到足够的重视。不能再等，谢罗便臣决定自己来做。1998年，她辞去工作，与志同道合之士一起创办了亚洲动物基金会（简称AAF）。

AAF向外界筹集善款，并积极与熊场和各政府联系。2000年7月，谢罗便臣与中国野生动物保护协会以及四川省林业厅共同签署协议，协议内容包括：亚洲动物基金将向释放黑熊的养熊场支付一定的经济补偿；四川省政府把关闭的养熊场的牌照交给亚洲动物基金，同时按照国家规定不再签发新牌照。三方还一致同意共同支持熊胆的替代产品的研究和生产，鼓励消费者拒绝使用含有熊胆原料的产品。

2002年12月，首个黑熊救护中心"龙桥黑熊救护中心"在四川省新都区龙桥镇正式落成。中心面积为180亩，分为兽医院、隔离区、康复区以及数个供黑熊安享余生的竹林生活区，是亚洲最大的黑熊庇护所。

中心里的100多位工作人员主要是外国专家和国内外志愿者，为彻底淘汰养熊业而共同努力。至2012年3月底，已有260只黑熊先后被送至中心，其中有170只得到恢复，正在救护中心享受自由的新生活。

【点评】亚洲黑熊惨遭取胆的命运，完全出于人类对熊胆药用价值的过分迷信，事实上，熊胆只是一味普通的中药。中华国医医药协会香港地球仁协会的一份报告显示：目前至少有54种草药具有与熊胆相似的功效，包括常春藤、蒲公英、菊花、鼠尾草、大黄等。这些草药作为熊胆替代品，既便宜又有效。

生态治理

SHENG TAI ZHI LI

生态词典　　　inversion layer【逆温层】在低层大气中，气温随高度的增加而升高的大气层。

nitrogen oxides【氮氧化合物】包括多种化合物，如一氧化二氮、一氧化氮 、二氧化氮、三氧化二氮、四氧化二氮和五氧化二氮等。

雾都伦敦的救赎

　　1952年12月初，英国首都伦敦正在举办一场牛展览会，令人意想不到的是，参展的牛只陆续出现异常情况：350头牛有52头严重中毒，14头奄奄一息，1头当场死亡。不久，伦敦市民也出现了各种意外：许多人感到呼吸困难、眼睛刺痛，发生哮喘、咳嗽等呼吸道症状的病人明显增多，进而死亡率陡增。据史料记载，从12月5日到12月8日的4天里，伦敦市死亡人数达4000人。12月9日之后的两个月内，又有近8000人因为烟雾事件而死于呼吸系统疾病。

　　这一切，都是大气污染引起的！

　　1952年伦敦烟雾事件是1952年12月5日至9日发生在伦敦的一次严重大气污染事件，而罪魁祸首就是燃煤产生的二氧化硫和粉尘污染。当时伦敦冬季多使用燃煤采暖，市区内还分布有许多以煤为主要能源的火力发电站。由于逆温层的作用，伦敦城处于高气压中心位置，垂直和水平的空气流动均停止，连续数日空气寂静无风。燃煤产生的粉尘表面吸附了大量水分，在城市上空蓄积，引发了连续数日的大雾天气。另外燃煤粉尘中含有的三氧化二铁成分，可以催化另一种来自燃煤的污染物二氧化硫氧化生成三氧化硫，进而与吸附在粉尘表面的水化合生成硫酸雾滴。这些硫酸雾滴吸入呼吸系统后会产生强烈的刺激作用，使体弱者发病甚至死亡。

1952年的烟雾事件并非伦敦历史上第一次严重的烟雾事件。据史料记载，伦敦最早的有毒烟雾事件可以追溯到1837年2月，那次事件造成至少200名伦敦市民死亡。而在1952年之后，伦敦也多次发生烟雾事件。"雾都伦敦"由此而得名。

在付出了血的惨痛教训之后，幸而，英国人从此觉醒，走上了法律治理大气污染的救赎之路。

1956年，英国政府颁布了《清洁空气法案》，大规模改造城市居民的传统炉灶，减少煤炭用量，冬季采取集中供暖；在城市里设立无烟区，无烟区内禁止使用产生烟雾的燃料；发电厂和重工业被迁到郊区。

起初，伦敦治污的法案和措施主要是针对燃煤的控制。20世纪80年代前后，汽车数量开始爆炸性增长，大量的尾气取代燃煤成为主要的大气污染源。伦敦治理空气污染也做出相应转向，起初人们主要关注汽油的铅污染对人体健康的影响，无铅汽油逐渐受到重视。到80年代末90年代初，汽车尾气排放也受到了应有的重视。汽车排放的其他污染物如氮氧化物、一氧化碳、不稳定有机化合物也成为密切关注的对象。

此外，为了限制汽车数量，伦敦不仅大力发展公共交通，而且对私家车下狠招治理。从1993年1月开始，所有在英国出售的新车都必须加装催化器以减少氮氧化物污染。2008年2月，伦敦针对大排量汽车的进城费已升至25英镑/天，闹市区一个停车位月租高达650多英镑，位居全球之首。铁腕政策之下，伦敦的私家车"进不起城"，市区流量得到有效控制。

与此同时，伦敦为新能源汽车大开绿灯。2016年前，伦敦的电动汽车买主将享受高额返利，并免交汽车碳排放税，在某些场所还可以免费停车。伦敦计划在2015年之前建立5万套电动车充电装置，将伦敦打造为欧洲电动汽车之都。

从2003年12月到2007年1月，伦敦参加了欧洲清洁城市交通示范项目。第一代零排放燃料电池公交车的投入使用，有效减低了空气污染和噪声。

除了发展公交车之外，伦敦还在自行车上大做文章。在伦敦市长的推广下，2010年7月，一条从伦敦南部通向市中心的自行车高速公路正式通车。作为12条自行车高速公路中的第一批试验线路，这条道路上目前每天约有5000辆自行车通过。预计2025年伦敦的自行车骑行量将比2000年增加4倍。

扩建绿地也是治理大气污染的重要手段。伦敦虽然人口稠密，但人均绿化面积高达24平方米。城市外围还建有大型环形绿化带，到20世纪80年代，该绿化带面积已达4434平方公里，与城市面积（1580平方公里）之比达到82∶1。连在寸土寸金的伦敦中心1区内，仍旧保留着伦敦最大的皇家庭院海德公园。

从上世纪80年代开始，伦敦的雾天从19世纪末期每年90天左右减少至不到10天，如今只有偶尔在冬季或初春的早晨才能看到一层薄薄的白色雾霭。"雾都"已经"名不副实"了。从滚滚毒雾到蓝天白云，伦敦经历了血的教训，半个多世纪的铁腕治污，为后世留下了宝贵经验。"先污染后治理"的老路，不能再重复。

【点评】"雾都"的朦胧景色在《雾都孤儿》等文学作品中，似乎显得令人神往，但事实上，身处现实世界的伦敦人对此却深感困扰，浓雾会妨碍交通，更会危害百姓健康。"拯救雾都"非一日之功，也非一举而成。伦敦坚持几十年如一日，不断尝试新方法，综合治理，还城市一片绿地蓝天。

生态词典 salt tolerance【耐盐性】指能耐受高浓度盐类环境而生长发育的性质。

transgression【海进】海平面相对升高，海水侵入陆地的现象。

"黄金"伤害了咸海

中亚即亚洲中部地区，深居亚欧大陆腹心地带，远离海洋。这里土地面积辽阔，矿产资源丰富，工农牧业发达。俄罗斯十九世纪作曲家鲍罗丁的交响音画《在中亚细亚草原上》，优美、雄浑地描述了一片广袤无垠的草原风光，赞美了古代丝绸之路的壮美大气。然而现在，随着工业化进程和能源开发的加剧，很多地方的风光已经被破坏殆尽。这一切，都与中亚地区有色金属的开采和冶炼有关。当初为开发边疆，苏联从欧洲部分向中亚五国移民，而且布局了很多重工业部门，比如哈萨克斯坦首都阿拉木图，是苏联时期针对中国的重要的军事前线基地，机械制造、石油化工、有色金属、军工制造诸多重工业均布局于此；乌兹别克斯坦，是苏联中亚军区所在地，首都塔什干有众多的重工业部门；土库曼斯坦，前几十年还是农牧业为主的国家，在里海发现大批石油资源后，成为新兴的能源国家；就连与中国毗邻的塔吉克斯坦和吉尔吉斯斯坦两个国家，苏联时期也布局了很多军工工业和能源工业。这些国家的特点十分明显：遍地都是有色金属和被誉为"黑色黄金"的石油。由于基础工业薄弱，石油无法一下子大量开采，所以全国加紧开发石油开采业和化工业，在经济建设上确实取得了一些成效。比如土库曼斯坦，别的物价都贵，就石油便宜。每到赶集日，全国各地的小商人都坐飞机到首都赶集，因为机票便宜，从国内最远的地方飞到首都，折合人民币仅需20元。这样一来，大大方便了商务往来，促进了经济的发展。

可是，在"黄金"中赚得大满贯的同时，肆意开采、粗制滥造的恶果也让中亚人民吃尽了苦头。由于生产工艺落后，在生产过程中产生了大量的有害物质，严重污染了空气、土壤和水源。据估计，仅采矿、冶金企业就产生了多达250亿吨的废弃物。不仅如此，开采有色金属和石油耗水量巨大。在这种情况下，中亚地区的水资源消耗已经达到惊人的地步。据有关部门统计，早在20世纪80年代，阿姆河和锡尔河流域的用水量已分别占到水资源总量的85%和98%。最近几年虽未再公布数字，但用水量和所占比例肯定会大于上述数字。可想而知，注入咸海的水量就会越来越少。作为世界第四大水体、曾经是世界上最大的内陆湖之一的咸海，现在水位只有不断下降，面积不断缩小，面临干涸的威胁。一旦咸海干涸，将是一场巨大的生态灾难：在中亚腹地出现一个面积为5万平方公里的新的大沙漠，届时将会有100亿吨的有毒盐随风飘荡，对周围的农田、草场和居民造成难以估量的巨大影响。目前已有200万公顷的耕地和15%的牧场被咸海沙漠吞噬，整个咸海流域地区的经济损失达300多亿美元，而且对未来的气候将产生影响：干燥程度加重，空气湿度降低20%～25%，夏天气温将上升2℃，最高气温将达到45℃。

显然，解决咸海危机最根本的办法是增加流入咸海的水量，也就是锡尔河与阿姆河入咸海的水量，并减少水中的污染物。但是，中亚的主要河流都是跨国的，因此，只有流域内国家共同参与，问题才能解决。然而，大家知道，生态环境保护和发展生产之间存在着很大矛盾，对那些有一定经济效益而又资源耗费高、污染严重的部门来讲，矛盾就更突出。在国家经济状况不好的情况下，收益和生态保护孰轻孰重，孰先孰后？选择的结果无疑是清楚的。如何根据可持续发展的原则在生态环境保护和生产之间求得平衡，还是一个远未解决的问题。正是这一基本状况引起了处于流域不同位置，即上、中、下游国家间的利益矛盾。一般来讲，这种矛盾包括三种类型。第一类型是水电开发与灌溉。电能需求在冬季达到最大值，这要求在枯水季加大水库的排水量，而灌溉所需水量最大值却出现在作物生长旺季——春季和夏季。第二类型是上下游水质的差异。水质总是随着流程增加而降低的，这样，下游国家就要求上游国家把水质保持在一定水平上。第三类型是水量分配。流域国家对水量的需求是不一样的，同一河流在各个国家的径流量也存在差异，这就容易产生水量多的用水少，水量少的用水多的情况。

然而矛盾归矛盾，拯救咸海，已是迫在眉睫。好在现在哈萨克斯坦政府已经采取行动，致力于拯救北咸海。该国政府重修了锡尔河的水渠，减少了水流的浪费。2003年，该国政府又修建了大坝，阻断了咸海两部分的流通，以保护北咸海。

北咸海恢复的速度让人喜出望外。现在北咸海的深度已经从不到30米上升到了38米，达到42米的合理深度指日可待。如今，这里恢复了渔业生产，许多渔夫恢复了他们一度中断的工作，捕到的鱼还被出口到了乌克兰。这种变化甚至可能使多年不见的积雨云又回到这个地区，给当地农业的复苏带来一线希望。

同时，令人遗憾的是，南咸海由于乌兹别克政府财政紧缩，至今水位仍在不断下降。暴露出来的河床有大量盐沙，大大增加了沙暴的吹袭。不幸的是，2003年南部咸海在水面持续下降之后成东咸海和西咸海两部分。它们水中的含盐量已经达到了每升水100克，而一般海水的含盐量只有每升水35克，现在东西"两咸海"的含盐量正快速向死海的每升水300克的水平靠近。

现在，最后的一线希望，就是乌、哈两国政府共同控制开采"黄金"，采取积极措施，努力拯救咸海。我们期待这一天的到来。

【点评】"黄金"再珍贵，也比不上我们的生命之源。如果水源遭到了污染，生存受到了威胁，那即便有金山银山，又有何用？真心希望中亚各国放弃争端，共同治理咸海，恢复生态，造福各国人民。

**生态词典**　　**polysaprobic【多污水的】**水体中可溶性有机质含量很高，含氧量低或缺氧的。

population decline【种群衰落】种群因长期不利条件而导致的个体数量持续下降现象。

再造"200年莱茵浪漫"

　　莱茵河是西欧第一大河，流经瑞士、德国、法国、卢森堡、荷兰等9个欧洲国家，是沿途几个国家近2000万人的饮用水源，以其"清澈""宁静"闻名于世。河岸两边遍布田园诗般的小城镇，一望无际的葡萄园，以及森林田野深处的农舍和古堡，沿河风光无限。早在200年前，德国浪漫主义时期的诗人和思想家们就被莱茵河的魅力所倾倒，为她奉献了无数美丽的诗篇，因此有"200年莱茵浪漫"一说。

　　然而，谁曾想过，这样一条诗情画意的莱茵河，竟一度被称作是"欧洲下水道""欧洲的公共厕所"。

　　原来，自19世纪末期开始，流域内人口的增加和工业的发展，导致莱茵河的水质日益下降。到20世纪20年代，莱茵河下游的渔民不断抱怨鱼肉的味道越来越差，原因是德国鲁尔工业区排放的废水中含有大量苯酚。20世纪中叶，莱茵河的污染继续加重。战后的欧洲百废待兴，在大规模的战后重建中，莱茵河流域逐渐发展成为欧洲最主要的经济命脉，以鲁尔工业区为代表的多个工业区沿河分布。这些企业不仅向莱茵河索取工业用水，还将大量用过的工业废水排入莱茵河。不仅如此，莱茵河作为繁忙的水上交通线，还承受了水上交通带来的污染。同时，工业的发展需要劳动力，将许多农业人口吸收到莱茵河附近的城市中来。众多的城市人口直接导致生活污水的增加，大量的工业垃圾和生活污水同时向莱茵河倾泻。莱茵河简直就成了"欧洲下水道"。

昔日美丽的"母亲河"，竟然变得如此惨不忍睹。欧洲人终于在恐慌中惊醒了。1950年7月11日，瑞士、法国、卢森堡、联邦德国和荷兰在瑞士巴塞尔成立了保护莱茵河国际委员会（英文简称ICPR）。

尽管在成立之初，ICPR作出了很大的努力，但一开始的工作并没有取得显著成效。因为在二战后，欧洲大陆各国需要在废墟上重新迅速建立起家园，发展工业是头等要事。而且，对流域内的9个国家来说莱茵河的重要性并不一样，这9个国家的经济发展水平也不一样。因此，直到70年代，莱茵河的污染程度仍在加剧。而1986年11月1日，瑞士巴塞尔附近发生的一起化工厂爆炸事件，再次将莱茵河的治理问题推向了风口浪尖。爆炸事件发生后，救火时喷出的水柱将20吨含有剧毒的农药冲进莱茵河，数百公里河段遭剧毒污染，鱼和其他生物全部死亡。沿岸国家负责管理莱茵河的部长们在事故发生后，连续在苏黎世和鹿特丹召开紧急会议，商讨对策，最后委托保护莱茵河国际委员会制定一个彻底根治莱茵河的方案。

1987年，在法国斯特拉斯堡举行的环保会议上，沿岸国家的环境部长一致通过了保护莱茵河国际委员会制定的《2000年前莱茵河行动计划》。从此，莱茵河的治理掀开了新的一页。这个计划得到了莱茵河流域各国和欧共体的一致支持，其特点是以生态系统恢复作为莱茵河重建的主要指标，是以流域敏感物种的种群表现对环境变化进行评估的方法。此计划详细提出了要使生物群落重返莱茵河及其支流所需要提供的条件，治理的总目标是莱茵河要成为"一个完整的生态系统的骨干"。在这个计划中，水环境改善的目标不是简单用若干水质指标来衡量，而是将目标确定为恢复一个完整的流域生态系统，这是建立在"洁净的河流应该是一个健全生态系统的骨干"的理念基础之上的。

到2000年，莱茵河环境整治和生态恢复的预定目标已全面实现，沿河森林茂密，湿地发育，水质清澈洁净。当初一度濒临灭绝的鲑鱼也已经从河口洄游到处于上游的瑞士一带产卵，鱼类、鸟类和两栖动物又重返莱茵河。

如今的莱茵河，又回到了200年前的清秀模样，波光粼粼，浪漫可人。曾经的"下水道"形象已经一去不复返了，取而代之的是世界上管理得最好的一条河，同时也是世界上人与河流关系处理得最成功的一条河。

【点评】"知错能改，善莫大焉。"欧洲人只顾着发展工业，忽视了环境保护，以致污染了他们的"生命之源"，好在他们及时意识到自己的错误，并积极采取行动补救，努力恢复完整的生态系统，续写"200年莱茵浪漫"的美丽诗篇。

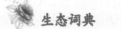

日本再造琵琶湖秀美环境

　　琵琶湖是日本第一大淡水湖，四面环山，面积约674平方公里。据说至今已有400多万年的历史，是世界上最古老的湖泊之一。琵琶湖的地理位置十分重要，邻近日本古都京都、奈良，横卧在经济重镇大阪和名古屋之间，是日本近年来经济发展速度最快的地区之一，同时也是日本准备迁都的三大候选地之一。因此，琵琶湖与富士山一样被日本人视为日本的象征。

　　日本人民自明治时代以来，就一直重视对琵琶湖的保护，使其长期保持清秀面目。1930年，琵琶湖还清澈见底，能直接饮用。但进入60年代以后，随着日本经济高速增长，琵琶湖的环境也遭到严重的污染与破坏，水质下降，赤潮、绿藻时有发生，浅水区更是堆满了漂浮来的各种生活垃圾。1977年，琵琶湖发生大规模的赤潮，以后10年中，频繁出现藻类，直接影响到居民的饮水安全。也正是从那个时期起，当地政府开始加强对琵琶湖的综合治理和公害防治工作。

　　在原有立法的基础上，60年代末，滋贺县政府先后制定了一系列的法规和条例，对琵琶湖周围地区的生活污水和工业废水排放、湖泊与河流的堤防建设等作了明确的具体规定，使各项治理工作有章可循。从上世纪70年代初起，日本政府提出污染物排放总量控制的概念，在琵琶湖实行严于日本全国的污染物排放标准和环境影响评价标准，很多污染物排放限值大幅提高，与健康有关的指标提高了10倍左右，极大地推动了产业结构优化升级，从源头削减了污染。1972年，该县又制定出琵琶湖综合开发计划，对琵琶湖的环保、治理和开发利用作出中期规划。1987年、1993年和1997年制定了三期湖沼水质保全计划及琵琶湖未来发展规划。这样，到2020年，琵琶湖的水质将恢复到20世纪70年代的水平；到2050年，可恢复到日本经济高速增长之前即60年代的水平。

在对琵琶湖进行综合治理的同时，滋贺县政府也把流入琵琶湖的数十条河流及其支流以及以琵琶湖为供水之源的下游地区加以通盘考虑，并根据不同地区的不同特点分别制定不同的对策。上游地区植树造林，封山固土，防止水土流失；中游地区疏浚河道，减少各种污染；湖周围地区加强水质检测，防止环境污染；下游用水地区重点是节约用水。此外，滋贺县政府还经常组织生活在不同区域内的居民到其他区域参加除草、种树、捡拾垃圾、调查水质和品尝对方区域生产的山菜、稻米、鱼虾等新鲜食物，亲身感受加强湖泊综合治理和保护环境与日常生活之间的密切关系。

环保是一项全民运动。为了取得当地居民的支持，滋贺县政府重视对群众的宣传教育工作，组织当地居民参与各种活动，启发他们参加保护琵琶湖环境的自觉性。该县政府将每年的7月1日和12月1日定为统一的环境保护日，组织区域内各市町村的居民，参与清扫琵琶湖周围环境的统一行动。他们还特别重视对青少年的环保意识教育，如组织学生参加航湖活动，通过游湖、捡拾垃圾、调查水质等活动，培养提高孩子们的环保意识。迄今约有17000名儿童参加了这项活动。

控制污染的措施也非常有效。农民家中厨房里洗碗池的下水道口用塑料网兜扎起来，不让食物残渣进入下水道污染琵琶湖。农田灌溉不是大水漫灌，而是采取浸润灌溉、喷灌、滴灌等节水措施，并且合理施用化肥、

269

农药。由此，入湖污染物大幅下降，为湖泊休养生息提供了"喘息"的机会。另外，通过底泥疏浚工程，用芦苇丛净化水质，清理湖内青草，促进了生态修复。

为树立做地球村人的意识，与世界各国加强有关环保方面经验交流，滋贺县于1984年在琵琶湖畔召开了第一届世界湖泊会议。此外，滋贺县还在联合国环境计划署的支持下，分别于1986年和1992年设立了国际湖泊环境委员会和国际环境技术中心。

【点评】从琵琶湖环境保护的治理过程看，在政策法规的有效引导下，通过政府和国民的不懈努力，琵琶湖目前已成为世界上水质最干净、景色最美丽的湖泊之一。其生态修复措施、污染源防控对策、先进的治理技术和完善的管理体系等方面都有许多宝贵经验，值得我们潜心琢磨、汲取精华，灵活运用到我国的环境治理中来。

生态词典 **polycyclic【多循环的】**湖泊水体持续循环的。

pollution ecology【污染生态学】研究在污染条件生物与环境之间相互关系的科学。

美国打响五大湖生态保卫战

北美洲是人类大规模开发最晚的大洲之一，时间上晚于亚非拉各洲。北美洲拥有得天独厚的地理条件，而位于美国和加拿大交界处的五大湖，毫无疑问是北美大陆上最为璀璨的明珠。

五大湖是指位于北美洲中部的伊利湖、苏必利尔湖、安大略湖、密歇根湖和休伦湖，它们分布在美国与加拿大之间。多年以来，一些自然河流和人工开通的运河将5个湖泊连为一体。五大湖是世界上最大的淡水湖水系，所蓄的淡水占世界地表淡水总量的五分之一。除了具有美丽的自然景色外，五大湖还是超过3000万人的饮用水水源，延续着当地人的文化及生活方式，在船运、贸易和渔业等方面形成数十亿美元的"中枢"，为数百万美国人和加拿大人提供食物和娱乐。

1909年，美国和加拿大签订了两国《边界水域条约》，这一条约成为管理五大湖的基本法规。美加两国根据该条约成立了一个国际合作委员会来解决两国之间关于五大湖区水量及水质等引起的纠纷。

条约经过这么多年，变化是肯定有的。到1972年，美国和加拿大两国又签订了《大湖区水质协议》，制定了目标、适用政策法规、指标体系、最低水质标准、整体治理计划和针对各污染源的具体治理计划及实施安排。1978年，两国对这个协议进行了修订，强调两国将修复并维持五大湖流域生态系统水体中化学、物理和生物组成的完整性并共同致力于减少污染。

自1972年《大湖区水质协议》签订以来，五大湖水系中的多氯联苯、汞、二恶英以及其他污染物含量不断下降，北美秃鹰以及其他一些物种已经重返五大湖流域栖息。然而近年来，随着五大湖流域人口不断增长、新的化学物质排污以及气候变化，五大湖流域生态系统正面临着新的威胁。

得益于这里丰厚的淡水和矿物资源、便利的交通运输、居中的地理位置以及由此带来的农业的兴盛，五大湖周边形成了一个从芝加哥直至蒙特利尔的特大城市群，为公认的世界五大城市圈之一。其间包括底特律、克利夫兰、匹兹堡、多伦多等众多重要城市，横跨美加两国。工业、商业、运输业、农业等行业的繁荣，带动了整个区域的发展。但与此同时，不可避免的是，五大湖区所遭受的污染也日益严重。大量的生活用水被抽走，伴随着大量的工业污染物被排进大湖以及一些有潜在危害的水利改造工程，使得五大湖的水位持续下降，水质变差。在污染最为严重的时候，五大湖的水产品都充斥着大量的毒素。这几乎是所有先发工业化国家都要经历的阵痛。从上世纪六七十年代开始，污染开始加剧，美加两国对于污染的治理由那时起开始加快步伐。

2004年12月，数十位美国政府官员和部落代表在美国芝加哥签署了《五大湖宣言》和一份有关《五大湖地区协作》的框架文件，以恢复和保护五大湖的生态系统。参加签字仪式的有布什内阁成员、资深人士、美国参议员和国会议员、五大湖流域的管理者和部落代表、有关城市市长，以及一些州的议员和代表。美国环保局对此的评论是，这空前地展现了政府间及多州之间的合作。美国环保局局长迈克·莱维特说："这是以五大湖流域的环境与经济兴旺为中心内容开展的活动中最为广泛的正式合作。"《五大湖宣言》签字者们做出保证：齐心协力保护、恢复和改善五大湖生态系统，以迎接新的不断出现的挑战，确保后代人能够拥有健康的生态系统。

2009年，美国总统奥巴马提出一项治理五大湖的计划，随后，美国政府就该计划出台了详细的方案以期在未来几年内还五大湖地区优良的生态环境。美国环境保护署署长丽莎·杰克逊在与湖区各州州长的会面中，提出一项新的"行动计划"，旨在将治理的重点放在消除五大湖地区的入侵物种、清除污染物、对50万英亩湿地进行保护等。杰克逊说，这项举措是要为五大湖地区的生态环境制定一个新的标准，除了减少污染，政府将致力为下一代的美国人提供更为优良的生态环境。美国国会在2009年底还曾通过4.75亿美元的预算用以五大湖的生态改善，2010年，总统奥巴马又提出要增加3亿美元的预算投入到这项为子孙后代造福的工程中。

【点评】美国长期工业发展阶段积累起来的水污染问题十分严重，面临着"先污染、后治理"的难题，很多工业化国家在水源等环境问题上都走过了类似的路子，对于"污染容易治理难"深有体会。发展中国家应以此为鉴，不能再重蹈覆辙。

protection forest【防护林】 防止风沙、保护环境的人工林木区。

desertification group【荒漠类群】 在荒漠生境中栖息生存的生物类群。

改造撒哈拉沙漠

撒哈拉沙漠东起红海之滨，西迄大西洋，北抵地中海岸和阿特拉斯山脉南缘。因南界之故，撒哈拉沙漠的面积也没有确定的数字，一般的说法是800万~1000万平方公里，略小于非洲总面积的1／3，是世界上最大的荒漠。

撒哈拉沙漠的自然条件虽然严酷，但如能合理利用水资源，再配合其他生物和工程措施，对之加以改良，则发展经济包括发展农牧业生产的前景还是光明的，至少在其中一部分地区是这样。事实上，几千年来撒哈拉地区各民族的历史就是对沙漠进行改造利用的历史，在这方面，他们已经积累了很丰富的经验。

近几十年来，一方面，由于人口的激增，显著增大了对生态环境的压力，再加上其他原因，撒哈拉地区进一步沙漠化的趋势有所加剧，沙漠的范围不断扩大，在其南缘表现得尤为明显。但另一方面，经济的发展，以及现代化技术手段的使用，又增强了人们改造利用沙漠的能力，埃及、利比亚、阿尔及利亚等国在这方面都取得了令人鼓舞的成就，从中也进一步积累了经验，为今后更大规模地改造撒哈拉沙漠奠定了良好基础。

地处撒哈拉沙漠南缘的撒赫勒地带各国，多年来也采取了一系列抗御干旱、防治沙漠化的措施，为加强彼此间的合作，1973年还成立了"萨赫勒地区国家常设抗旱委员会"，现已有马里、毛里塔尼亚、尼日尔、乍得等9个成员国。最近据人造卫星观测资料分析，撒哈拉沙漠的南缘在70年代年均向南移动5公里，也就是说每年扩大2.6万平方公里，但到80年代已大体保持稳定，有的年份还向后退缩，表明抗御沙漠化的措施已收到了一定的成效。

埃及是一个典型的沙漠之国，沙漠覆盖了96％的国土。自50年代以来，埃及一方面在尼罗河上大力建设现代化的水利灌溉工程；另一方面对撒哈拉沙漠也进行了大规模的治理，其中一个主要项目就是"新河谷计划"。"新河谷计划"就是在各洼地中打深孔自流井，从300～600米的地下取水发展灌溉，扩大耕地。从1952年到1980年，埃及在西部沙漠中利用地下水发展灌溉累计开垦了6万多公顷荒地，种植了牧草、麦类、水稻、玉米等，建起了一大批沙漠新村。1980年到1990年间，沙漠改造面积达到44万公顷，发展速度加快了许多倍。目前每年更达到6万多公顷，其中2/3由私营企业承担。

利比亚，沙漠占国土总面积90％以上。20余年来，因石油业的发展，带动了整个国民经济，水利灌溉和沙漠改良也达到了前所未见的巨大规模。在东南部深处沙漠中央的库夫拉绿洲建设的水利工程很引人注目，它从1968年起陆续打了100口深井，以每一口井为圆心，开辟100公顷灌溉地，通过高架摇臂式电动喷灌装置向农作物均匀供水，在沙漠中形成了一个高度集约化的农牧业基地。1984年8月规模更为宏伟的"大人造河工程"正式开工，此举将耗资300多亿美元，从中部南部沙漠中抽取地下水，再通过总长4200公里的水泥管道，每天将500万～700万立方米的水输送到北部沿海平原，以基本满足全国的淡水需求。整个计划堪称改造撒哈拉的"世纪工程"。虽然有人对其生态效益和经济效益颇有疑虑，但对利比亚这样的沙漠之国来说，确也别无选择了。

阿尔及利亚，撒哈拉沙漠占据了全国85％的面积。近年来在沙漠区除兴建了一批中小型的井灌工程外，大型项目还有两个，一是吉尔河灌溉工程，一是"绿色堤坝"。吉尔河源于阿特拉斯山脉，以季节河深入撒哈拉数百公里，灌溉工程将兴建两座水库对雨季来水进行调蓄，以此发展灌溉面积1.5万公顷，灌区内还兴建了纵横交错的防护林带。"绿色堤坝"工程更为宏伟，它从1974年开始执行，计划用20年时间沿撒哈拉沙漠的北缘建立一道横贯国境长1500公里、宽20公里的巨大防护林带，其目的除防止沙漠北移以外，还将有效地改善沿线生态环境，促进农牧业生产。

当然，以撒哈拉沙漠的辽阔面积来衡量，所有各项现有的改良工程其规模都是很有限的，要对这片将近1000万平方公里的世界最大荒漠进行综合治理，不仅仅是与当地各国有关，也是摆在全人类面前的一项重大课题。

【点评】撒哈拉各国改造利用沙漠的措施和侧重点虽各有不同，但基本方向是一致的，这就是充分利用地表水，努力开发地下水，发展灌溉，扩大耕地，建设新绿洲；营造林带，防风固沙，保护农田草场，改善生态环境。这为中国北方荒漠化治理提供了参考。

生态词典　　atmospheric environment capacity
【大气环境容量】在一定的环境标准下，某一环境单元大气所能承纳的污染物的最大容许量。

suspended particle【悬浮颗粒】悬浮于大气中的固体、液体颗粒状物质的总称。

墨西哥重拳治空气污染

　　作为一个超级大都市，墨西哥首都墨西哥城从上个世纪80年代起就饱受空气污染之苦，在世界卫生组织上个世纪90年代发布的环境报告中，墨西哥城一直在严重污染城市中名列前茅。30多年来，墨西哥城政府不断采取治理措施，空气质量得到很大改善。

　　自上个世纪50年代起，墨西哥进入工业化时期。墨西哥城、瓜达拉哈拉以及蒙特雷几个大城市聚集了墨西哥最主要的工业和大量的人口、车辆。60年代，工业化的后遗症——污染开始显现，其中以四面环山的墨西哥城盆地地区污染状况最为严重。但是，这在当时没有引起足够重视。直到1985年墨西哥城发生大地震，劫后余生的人们察觉到空气中的悬浮颗粒和有害气体已经到了让人窒息的程度，政府部门才开始进行系统的大气监测及调查工作。加上墨西哥城三面环山的地理位置不利于污染物扩散，情况一度严重到有人说鸟儿飞着飞着就从空中坠亡了。1992年，墨西哥城被联合国宣布是全球空气污染最严重的城市。严峻的形势迫使墨西哥城市政府想方设法改善空气质量，包括更换尾气排放严重的老旧车辆，使用无铅汽油和天然气，大力发展公共交通，实施进城车辆管制，搬迁炼油厂和其他工厂等等。

墨西哥城主要的污染物质是一氧化碳和悬浮颗粒。悬浮颗粒是引起各种疾病的罪魁祸首。而这两种污染物主要来自拥挤的车辆所排放的尾气，因此，墨西哥城的防治污染工作主要围绕控制汽车尾气展开。

1989年，墨西哥政府启动了"防治污染计划"，从提高燃油质量、规范车辆行驶、限制工业排放和进行环境调查研究等几个方面，综合治理环境污染问题。墨西哥环境部和各州各市的环境部门在环境委员会的协调下，采取了一系列措施：限制排放不合格的老车上路；实现汽油无铅化；向出租车司机提供贷款，以便更快更新车辆；迁走生产设备陈旧的汽车厂；引进使用天然气和液化气的公共交通工具等等。1995年，墨西哥政府出台"保护空气计划"，将环境保护工作又向前推进了一大步。墨西哥城建立了自动大气监测网，在市区架设33个监测站，通过大气污染分析仪和气象传感器，向全国通报每天的空气质量情况，并据此限制机动车的使用。

值得一提的是，墨西哥城自上世纪80年代末开始实行"今天不开车"政策。街头红、黄、蓝不同颜色的车牌是墨西哥城的一大景致，彩色车牌是墨西哥城用于限制车辆行驶的办法。目前，墨西哥城有350万辆汽车，而且每年还在以25万辆的速度增加，每年只有12万辆旧车被淘汰。在这么多车辆中，三分之一是10年以上的老车，没有配备三元催化器。政府规定所有车辆每半年都要接受尾气排放检查。而车龄超过10年的老车就配以彩色车牌，每周有一天不能上路，而超过15年的车辆每周两天停驶。如果车主违反规定，交通警察有权对其实施70美元的罚款。

为了改善空气质量，墨西哥城市政府从1997年开始模仿哥伦比亚首都波哥大快速公交系统，实施公共交通现代化项目。采用低排放快速公交系统使得墨西哥城从2005年起每年一氧化碳排放量减少了8万吨。现在，墨城市政府计划增添更加环保的混合动力公共汽车。此外，一条兴建中的市郊火车也将减少私家车的使用，从而减少车辆尾气排放。

墨西哥城的努力已经取得明显成果。从1990年至今，墨城空气中的铅含量已经下降了90%；引发哮喘、肺气肿甚至癌症的悬浮颗粒减少了70%；一氧化碳和其他污染物的排放也已经大幅下降；臭氧水平从1992年至今下降了75%。

绿色和平组织墨西哥发言人劳尔·埃斯特拉达说，尽管墨城控制空气质量还不是让人百分之百地满意，但是起码情况已经不那么紧急。墨西哥城已经不再位列世界十大空气污染最严重城市。联合国人士表示，墨城已经做到了将绝大部分污染物的排放至少减半。

专家们在夸赞墨西哥城在改善空气质量方面取得成果的同时，也指出墨城必须采取更多的行动，来保持并扩大治理污染的成果。由于城市化的加速，墨西哥城人口仍在不断增加，新的城市区域不断形成，墨城的车辆已经超过了420万辆，比上个世纪90年代增加了一倍有余。这些都是墨城空气污染治理面临的新挑战。

【点评】墨西哥城的治理措施成效显著，得到了各方专家的认可，墨西哥城治理污染的经验值得一些发展中国家城市借鉴。

清溪川水今又是

一条印证朝鲜王国500年间发展历史的河流，一条因河床被污泥和垃圾所覆盖，沿着河边胡乱支起的肮脏的木棚以及所排放的污水严重污染了的河流，一条大量的污水流淌于市中心，发出的恶臭令周边居民痛苦不堪，城市的整体形象也受到了损害的河流，在被整体覆盖后建成柏油路，两侧商铺林立成为商业中心后消失的河流，在2003年又被重新开挖，历经数年整治，恢复了它原有的生命的河流，它就是韩国首尔的清溪川。

清溪川是韩国首尔市中心的一条河流，全长84公里，总流域面积583平方公里，汇入中浪川后流往汉江。韩国在1950至1960年代，由于经济增长及都市发展，清溪川曾被覆盖成为暗渠，清溪川的水质亦因废水的排放而变得恶劣。在1970年代，更在清溪川上面兴建高架道路。高架桥为人们进出首尔提供了很大便利，却破坏了城市的美丽景观，大量汽车经过时产生的废气和噪音也污染了环境。2002年，首尔市政府决定改造清溪川，拆除高架桥，开挖河道，还清溪川一个清秀怡人的面貌。2003年7月起，在首尔市长李明博推动下进行重新修复工程，不仅将清溪高架道路拆除，并重新挖掘河道，为河流重新美化、灌水，种植各种植物，又征集兴建多条各种特色的桥梁横跨河道。复原广通桥，将旧广通桥的桥墩混合到现代桥梁中重建。修筑河床以使清溪川水不易流失，在旱季时引汉江水灌清溪川，以使清溪川长年不断流，分清水及污水两条管道分流，以使水质保持清洁。工程总耗资9000亿韩元，在2005年9月完成。2005年10月1日晚上，首尔市中心上空礼花绽放，二十万市民在两岸欢呼，共同庆祝清溪川修复工程的竣工。

清溪川河道复原并不是简单的原貌恢复，其中既考虑了河流本身的特点，又结合了历史和现代文化，包括现代商业的开发。比如，西部上游河段较窄，一般不超过25米，河道坡度略陡，而地段又紧邻朝鲜王朝时期的皇宫，建有多座文化宗教活动场所，历史上在这个地区居住的人们多是有身份的上等阶层人士。基于这样的历史背景，近代则将其建成了韩国的政治中心，如政府首脑所在地、市政厅、新闻中心、银行等。这象征着"现代化的首尔"。为人们构想未来的首尔带来了无限的遐想，增添了该地区的文化品位，使该地区更加具有国际竞争力。河道中部为过渡带，河道开始变窄，约20～30米，历史上该地区为商业活动中心，这一带历史上居住着市井商人、中下等军人和中下层人士，在首尔历史上的经济活动中发挥了重要的作用。目前，中部河道已成为著名的小商品、各种工具、照明商品以及服装和鞋帽市场，成为市民和观光游客喜爱和光顾的地方。这一重建理念体现了"古典与自然的结合"，为忙碌着的小商业者、购物者和旅游者提供了一个令人向往的休闲空间，也为热闹的商业街增添一番宁静。而东部下游河段河道较宽，40米左右，坡度较缓，在古代时期为小市民和贫苦人民居住的地方，与中部和西部相比，发展相对落后。如今则发展成为居民区和商业混合区，两岸以居民区和一般办公楼为主，路边多为小铺面。这一片区体现着"自然与简朴"，没有过多的修饰和装点，使居住在城市中心的居民们能找到大自然的感觉。

无论从哪个角度讲，首尔清溪川的整治复原都堪称水环境治理的典范。一是工程大，项目全长12公里，拆除原有被高架桥覆盖的部分长84公里，还恢复和整修了22座桥梁，修建了10个喷泉、一座广场、一座文化会馆，总投入达3900亿韩元（约合32亿元人民币）。二是用时短，从2003年7月1日动工，到2005年10月1日完工对外开放，仅花了两年零三个月的时间。三是市民认同，清溪川复原开放后的两年多时间里，接待游客6200万人次，平均每天7万人次。

清溪川复原工程是首尔建设"生态城市"的重要步骤，其景观设计在直观上给人以生态和谐的感受。河道设计为复式断面，一般设2~3个台阶，人行道贴近水面，以达到亲水的目的。高程是河道设计最高水位，中间台阶一般为河岸，最上面一个台阶即为永久车道路面。隧道喷泉从断面直接跃入水中，行走在堤底，如同置身水帘洞中，头上霓虹幻彩，脚下水声淙淙，清澈见底的溪水触手可及。

现今，清溪川已成为首尔市中心的一个休憩地点。在这里，经常有带着孩子的父母在徜徉漫步，有年轻的情侣把脚浸在溪水里，坐在岸上谈天，轻松又自在。小河上方点缀着一座座形态各异的桥，和两岸鳞次栉比的摩天高楼相映成趣。

【点评】做事要以史为鉴，治河也是如此。水之利害，自古而然。治河是水资源管理部门的一项重要职能，每一项治河工程的开建计划都应事先研读一下河流的历史、治河的历史，通古博今，中外兼收，才能在水利工程建设中全面准确地把握人水相亲、和平共处的治水思路，使工程成为水利工程，而非水害工程。

environmental resistance【环境阻力】阻碍生物生长或繁殖潜力充分发挥的所有环境因子作用的总和。

seasonal succession【季节演替】生物群落结构和种类组成（尤其是优势种）随季节而变化的现象。

英国治理泰晤士河

　　泰晤士河举世闻名，被称为英国的"母亲河"。泰晤士河一度因污染成为一条"死河"，在英国政府的多年努力治理下，这条河如今又焕发了生机。

　　泰晤士河全长约400公里，横贯英国首都伦敦等10多个城市，流域面积1.3万平方公里。泰晤士河沿岸经济、文化发达，该流域经济贡献占英国国民生产总值的约25%，在英国具有举足轻重的地位。泰晤士河还为伦敦提供三分之二以上的饮水和工业用水，水资源分配和水质尤显重要。

　　19世纪前，泰晤士河河水清澈，水中鱼虾成群，河面飞鸟翱翔。但随着工业革命的兴起，大量工厂沿河而建，两岸人口激增。大量工业废水和生活污水未经处理流入泰晤士河，水质严重恶化。加之沿岸堆积了大量垃圾污物，该河成为伦敦的一条排污明沟。进入20世纪，随着伦敦人口激增，泰晤士河水质快速恶化。到上世纪50年代末，泰晤士河水中的含氧量几乎等于零，鱼类几乎绝迹，美丽的泰晤士河变成了一条"死河"。

　　从1885年开始，为拯救泰晤士河，英国历届政府推出了许多措施。首先，修建大型下水道，拉开了治理泰晤士河的序幕。伦敦目前的排污系统修建于19世纪的后半期，在当时被称为英国的一大工程成就。城市的发展和气候的变化使得伦敦的污水量超过了这一系统的承载能力，导致每年高达3200万立方米的污水和雨水超溢现有的下水道而流入泰晤士河和李河。

为保障水供给，伦敦对泰晤士河水质实施监控并加强了污水处理。专家曾指出，伦敦的排污系统是威胁泰晤士河"健康"的重要因素。如果不加改善，泰晤士河治污工作将前功尽弃。20世纪初，伦敦建设了数百座污水处理厂，形成了完整的城市污水处理系统，开始进行污水氯化处理，极大地提高了饮用水供给质量。

到上世纪五六十年代，英国政府下决心全面治理泰晤士河。首先是通过立法，对直接向泰晤士河排放工业废水和生活污水作了严格的规定。有关当局还重建和延长了伦敦下水道，建设了450多座污水处理厂，形成了完整的城市污水处理系统，每天处理污水近43万立方米。目前，泰晤士河沿岸的生活污水都要先集中到污水处理厂，经过沉淀、消毒等处理后才能排入泰晤士河。污水处理费用计入居民的自来水费中。根据法律，工业废水必须由企业自行处理，并在符合一定的标准后才能排进河里。没有能力处理废水的企业可将废水排入河水管理局的污水处，但要缴纳排污费。检查人员还会经常不定期地到工厂检查。那些废水排放不达标又不服从监督的工厂将被起诉，受到罚款甚至停业的处罚。

英国在20世纪后期对水供给和管理行业进行了私有化。伦敦的水供给和污水处理由泰晤士水务公司负责。该公司投入了巨资来改善水服务和基础设施建设，这其中包括为保护水资源和改善伦敦的水供给，耗资4亿多美元于1994年建成了泰晤士河水环形主管道。该工程是自地铁建成之后伦敦最大的隧道工程之一。它还投资了5亿多美元用于英国水处理高级项目，使该公司的英国主要污水处理厂在1997就引入了臭氧–活性炭吸附污水处理程序。伦敦的饮用水供给质量从此达到有史以来的最高水平。

经过约150年的治理，泰晤士河如今已成为欧洲最洁净的城市水道之一。据调查，已有100多种鱼和350多种无脊椎动物重新回到这里繁衍生息。不过，目前伦敦的下水道同时承载未处理的污水和雨水。由于它的流量有限，加之伦敦降雨量又大，其建于维多利亚时期的排污系统无法及时排掉雨水，经常造成携带生活垃圾的雨水流入泰晤士河，严重威胁恢复中的泰晤士河生态系统。

为此，英国政府在2007年3月底宣布，将耗资20亿英镑，于2020年前在伦敦地下80米处修建一条长达32公里的污水隧道，这将改变泰晤士河遭未处理污水污染的现状，进一步改善泰晤士河水质。

【点评】在今天工业化高速发展的中国，很多河流似乎都在重演着泰晤士河曾遭污染的悲剧。在中国，严重的工业和生活污水污染在加速着长江的死亡步伐。目前中国一半的石化企业分布在长江流域。该流域仅有城市污水处理厂280多座，生活污水处理率不足30%。中国目前还面临着严峻的水短缺危机，在这样的形势下，中国可有一个世纪来解决它的水污染问题？答案无疑是，中国花不起这个时间。

生态词典　　**hydromorphosis【水生形态形成】**
生物体结构因水分或潮湿生境条件
影响而发生相应变化。

immigration【迁入】生物通过迁
移或迁飞进入新的环境。

苏州河的治理

　　流淌了5000年的苏州河，催生了几乎大半个古代上海，此后，她又花了100年的工夫，"搭建"了近代国际大都市的最初框架。苏州河原名吴淞江，全长125公里，是上海境内继黄浦江之后的第二大河。苏州河源自太湖，在下游与黄浦江交汇。

　　一百多年来，城市长足发展的过程是与人力影响和支配苏州河的过程连在一起的。人力的影响和支配，使苏州河日甚一日地被两岸的社会经济构造所笼罩，也使苏州河在不息的流淌之中一点一点地失去了自然本色。

　　20世纪初，随着上海人口、经济的发展，苏州河受工业废水和生活污水的污染日益严重，1920年市区河段开始出现黑臭。以后，逐渐加剧、扩散，1978年上海境内河段全部受到污染，市区河段终年黑臭。经调查，造成苏州河污染的主要原因是：生产、生活污水的排放，沉积在底泥中的有机物的释放，支流带入的污染，上游来水的水质较差，截流系统的溢流，不利的水动力条件，船舶污染及市政雨污水泵站的排放等。污染的苏州河严重影响了上海成为现代化国际大都市的形象和上海的可持续发展。

　　苏州河的污染问题在20世纪70年代末已成为直接影响上海市民生活非常严重的环境问题，80年代初在市委、市政府的高度重视下，苏州河的污染治理提上了议事日程。

要治理苏州河并非易事。根据2000年干流基本消除黑臭和2010年基本恢复水生态系统的目标，苏州河整治实施了三期工程。一期工程1998年开工，紧紧抓住2000年消除黑臭的目标，根据1996年调查的情况，有针对性地实施了10个工程项目，共投资约70亿元。一期工程完成后，市区主要污染源得到控制和治理，苏州河水质总体上呈改善趋势，但仍存在时空上的不稳定性。市区河段环境有所改善，但苏州河沿线仍存在一定量的棚户区和旧厂区，环境脏乱，许多支流水体黑臭，淤积严重，市郊支流脏、乱、差现象更为严重。根治苏州河污染，必须采取更系统、更全面的措施，只有全面规划，综合整治，才能从根本上改善苏州河的水质和环境面貌。

于是，2003年以解决上述问题为重点，确定苏州河干流主要水质指标稳定达标，主要支流基本消除黑臭，内环线以内河段初步建成滨河景观廊道的目标，实施了苏州河整治二期工程。二期工程建设了8个项目，投资40亿元。二期工程建成后，苏州河水质稳定的保障机制还很脆弱，苏州河自净能力的恢复也很有限，水生态系统的恢复受上游和黄浦江的影响还需要一个长期的过程。绝大多数防汛墙还很破落陈旧，两岸陆域"脏、乱、差"的状况并未得到全面和根本的改善，离市民的要求还有很大距离，与国际大都市的城市景观极不相称。因此，2006年在苏州河整治一期、二期工程的基础上，进一步提出建设苏州河三期工程，以苏州河干流下游水质与黄浦江水质同步改善，支流水质与干流水质同步改善，苏州河生态系统进一步恢复的目标，投资31亿元，实施4个工程项目，基本完成苏州河的整治任务。

苏州河整治在全面规划的基础上，坚持治水、治本，积极开展科研活动，进行科学决策，合理分解目标，采取有力措施，循序渐进，扎扎实实推进工程建设，一步一步向长远目标迈进。

苏州河整治的阶段成果非常明显。一期工程的实施，在2000年终于完成了苏州河干流消除黑臭的目标，使黑臭成为历史。2000年11月苏州河上举行了有史以来第一次京沪两地高校赛艇比赛，轰动了申城，2001年苏州河北新泾段出现了小鱼，2002年两岸建成滨河绿地10万平方米，大大改善了苏州河的水质和环境面貌。2005年二期工程完成，上下游之间水质差别逐步缩小，中心城区主要支流基本消除黑臭，市区滨河景观绿带逐步形成，绿化面积达45万平方米。目前，苏州河水质在改善中保持基本稳定。以原来污染最严重的武宁路桥断面水质为例，整治成果十分明显。现在，苏州河整治三期工程正在进行，通过进一步的截污治污，苏州河底泥的疏浚和防汛墙改造、环卫码头搬迁等工程的实施，苏州河的水质和环境将会取得更大的改善。

苏州河环境综合整治工作，随着三期工程的完成，也将宣告结束。苏州河整治的成果是巨大的，极大地推动和促进了两岸的经济、社会发展。经过十多年的整治，苏州河已焕发出青春，两岸已成为集观光、休闲、文化、商贸于一体的生活居住区。

【点评】苏州河整治前，与苏州河有关的管理部门达十多个，由于部门的职责不同，利益不同，越管苏州河越黑臭，直到开展了综合整治才结束了黑臭状况。我们应该吸取历史的教训，在新形势下探讨新的管理思路，创新管理机制，巩固苏州河整治成果，让苏州河永葆青春。

生态词典 **interior river【内流河】** 又称"内陆河"。流入内陆湖或消失于沙漠之中的河流。

environmental effect【环境效应】 由自然作用或人为作用引起的各种环境因子变异的一种后效反应。

绿水青山，引来金山银山

江西位于长江中下游南岸，三面环山，一面临江，与粤、闽、浙、皖、湘、鄂六省为邻，自古有"吴头楚尾，粤户闽庭"之称。地形南高北低，南部为山地丘陵，中部丘陵盆地相间，北部为鄱阳湖平原。地貌有"六山一水二分田，一分道路和庄园"之说。所谓山江湖，即鄱阳湖和流入该湖的赣、抚、信、饶、修5大河流及其流域的简称。这是一个完整、独特的水系，整个山江湖工程施治面积为12万平方公里，占全省国土面积的97%。

由于种种原因，江西历史上也出现过山区毁林种粮、湖区盲目围垦和酷渔滥捕等短期行为，造成生态环境恶化。20世纪80年代初，仅赣南山区，每年泥沙流失就达5335万吨，全区水土流失面积达110万公顷，占全山区总面积的35%以上，当时有"宁都要迁都，兴国要亡国"的说法。20年前，国际水土保持专家查获理期夫妇感慨地说："兴国县水土流失已是世界之最，可称江南沙漠。"大面积的中生界花岗岩组成的疏松地表，经不起人们对植被的践踏，失之平衡的大自然无情地报复它的主人。"山无树，地无皮，河无水，田无肥，灶无柴，仓无米。"1982年，兴国县全县居民人均纯收入只有122元，人均产粮仅240公斤。因水土流失，全省水运航行里程由过去的2万公里锐减至5000公里。泥沙俱下，造成中国最大淡水湖——鄱阳湖不堪负重，水体萎缩，湖泊功能下降，湖区洪涝灾害严重。自此，一场治理穷山恶水的"人民战争"拉开了帷幕。

山江湖工程的内涵极为丰富，概括地说，就是把山江湖作为一个互相联系的大流域生态经济系统，以可持续发展为目标，以科技为先导，以开放促开发，治山、治江、治湖、治穷有机结合，辨证施治。"治湖必须治江，治江必须治山，治山必须治穷"。

山江湖工程从1983年迄今大致分四个阶段：

第一阶段是由治理鄱阳湖开始的。经过考察发现，治理鄱阳湖的关键在于解决泥沙淤积问题，要解决泥沙淤积只有从山区、源头和水土保持抓起。山是源，江是流，湖是库，山、江、湖互相联系，共同构成了一个互为依托的大流域生态经济系统。这一科学知识，抓住了治理山、江、湖之间不可分割的内在联系，体现了山江湖工程开发治理的系统论思想。

山江湖工程的第二阶段是把治理山江湖和发展经济、脱贫致富结合起来。由于贫困人口主要集中在山区、湖区，这些地方要发展经济摆脱贫困，就必须治理山水，改善生态环境，提高生态经济系统的生产力。基于这种认识，山江湖工程进一步提出"立足生态，着眼经济，系统开发，综合治理"的方针，将山江湖工程由单纯的山水治理系统工程扩展为治山、治水、治穷相结合并融为一体的生态经济系统工程。

山江湖工程的第三阶段是以1992年世界环境发展会议为契机，使山江湖工程成为《中国21世纪议程》首选项目之一，并纳入可持续发展理论的轨道。山江湖工程的实践，由于符合经济与环境协调发展的潮流而举世瞩目，成为江西对外宣传的重要窗口。另一方面，山江湖工程又成为《江西省经济社会发展"九五"计划和2010年远景目标纲要》的重要组成部分，使山江湖工程成为政府重大决策的依据。

近年来，山江湖区先后建立9大类26个试验示范基地和127个推广点，112个农业综合开发基地和6个小流域治理样板。从1985年到1996年，全省400万贫困人口脱贫，水土流失面积从330万公顷下降到130万公顷，全省城镇植树造林230万公顷，基本上消灭了宜林荒山，森林覆盖率由35%上升到57%，泥沙入湖量大大减少。全省水面2500万亩占全国淡水面积的1/10。昔日"山光、田瘦、人穷"的荒凉山村，初步出现了"山青、水绿、人富"的喜人景象。

"江西是个好地方，好呀么好地方哟嘿，山清水秀呀好风光。"正如歌里所唱的，如今的江西山水秀丽，生态经济发展前景一片光明。

【点评】"既要金山银山，更要绿水青山。"这句话看似简单，但要实现，着实不易。江西以可持续发展为目标，以科技为先导，创造性地把治山、治江、治湖、治穷有机结合起来，有了绿水青山，创造了招商引资的环境，自然就有了金山银山。

"洱海治理"洗还清

　　"上关花，下关风，下关风吹上关花；苍山雪，洱海月，洱海月照苍山雪。"位于云南大理境内的洱海，西面有点苍山横列如屏，东面有玉案山环绕衬托，空间环境极为优美，"水光万顷开天镜，山色四时环翠屏"，素有"银苍玉洱""高原明珠"之称。自古及今，不知有多少高人韵士写下了对其赞美不绝的诗文。洱海属断层陷落湖泊，湖水清澈见底，透明度很高，是"群山间的无瑕美玉"。

　　洱海之奇在于"日月与星，比别处倍大而更明"。如果在农历十五，月明之夜泛舟洱海，其月格外的亮、格外的圆，其景令人心醉：水中，月圆如轮，浮光摇金；天空，玉镜高悬，清辉灿灿，仿佛刚从洱海中浴出。看着，看着，水天辉映，你竟分不清是天月掉海，还是海月升天。此外，洱海月之著名，还在于洁白无瑕的苍山雪倒映在洱海中，与冰清玉洁的洱海月交相辉映，构成银苍玉洱的一大奇观。从空中往下看，洱海宛如一轮新月，静静地依卧在苍山和大理坝子之间。

　　洱海不仅月亮有名，鱼也是一大特色。洱海是鱼类繁衍生息的良好场所，历来水产丰富，当地称为"鱼土锅"。历史上就有"享渔沟之饶，据淤田之利"记载，三角洲东西两侧有水草丛生的浅湖湾，为鱼类繁衍生息的良好场所，历来水产丰富，当地称为"鱼土锅"。据《西洱海志》云：洱海"鱼族颇多，视他水所出较美，冬卿甲于诸郡。魏武帝四时食制曰：'滇池纼鱼，冬至极美'"。

这样一个内在美和外在美兼具的洱海，成了白族人民名副其实的"母亲湖"，白族先民亲切地称之为"金月亮"。然而，美丽富饶的洱海，如今也正在遭受生态环境的威胁，正由贫中营养状态向富营养化过渡。海内主要污染物有总悬浮物、耗氧物质、氮、磷、挥发性酸、硫化物等，一到夏天，村民坐在家里都能闻到湖水发出的腥臭味，伸手摸摸湖水，满手都是水藻。洱海原有土著鱼类20种，外来11种，从鱼类优势种群的变化情况看，从50年代至今，大致经历了3次演替过程，至上世纪80年代，鱼类优势种变成鲫鱼，其产量占洱海总渔获量的70%左右，土著鱼类产量急剧减少。

所幸，洱海水环境恶化引起了高度关注，当地政府开始加强了对洱海的保护和治理。当地提出了"2-3-3-3"工程，"2"就是保持洱海Ⅱ类水质，要用3年的时间投入30亿，在洱海流域建成3万亩湿地，进一步净化入洱海的水，这是政府和老百姓共同认可的目标。包括改变以往截留苍山水用于工业的办法，让苍山十八溪清水入洱海，每年1亿方以上，以较小的代价实现良好的效果。

"像保护眼睛一样保护洱海"，大理当地百姓把这句口号变成了行动和生活生产方式。现在的才村，如果村民还像以前一样在家门口倾倒垃圾，就会被左邻右舍责骂。慢慢地，才村那条通往洱海的沟渠就不再漂浮着垃圾了，才村家家户户也开始挂起了洱海美景的年历，"保护洱海人人有责"的标语处处可见。而如今，村民们已经不需要提醒了，因为他们明白家门口的洱海，关系着自己的生计，也关系着子孙后代。

"洱海清，大理兴"也已经成为当地政府坚持不动摇的执政理念。近年来，为了统筹整个洱海流域保护治理项目建设及建成环保设施的运行保障，巩固生态环境建设成果，大理州采取了地区补偿、项目补偿、科技补偿、企业补偿、农户补偿等生态补偿措施。这也是水专项"十一五"洱海项目所作的贡献：支撑州政府进行生态补偿的机制体制与示范。

大理还对洱海沿岸建设项目进行了分类清理，对其中不符合洱海生态保护法律法规和群众意愿的项目予以叫停。规定洱海保护界桩外15米、界桩内5米范围内的环湖林带是洱海生态的重要屏障，严禁占用。并划定了永久性的城市生态景观带，禁止商业性开发。

在当地政府和百姓的共同努力下，洱海北部的罗时江河口湿地，今年第一次出现了灰鹤。这里还栖息着紫水鸡、鹌鹑、白鹭和黄鸭，水生植物更是数不胜数，鸢尾、茭草、风车草、睡莲……洱海的治理，已然初见成效。《全唐诗》的一首诗作中描写洱海"风里浪花吹又白，雨中岚影洗还清"的美景又欣然重现。

【点评】洱海能够"吹又白""洗还清"，都得益于正确的治理方法。"循法自然、科学规划、全面控源、行政问责、全民参与"是大理政府和人民在治理洱海过程中总结出的经验，值得提倡和学习。

后　记

　　建设生态文明，是关系人民福祉、关乎民族未来的长远大计。2013年，习近平总书记就明确表示："我们既要绿水青山，也要金山银山；宁要绿水青山，不要金山银山，而且绿水青山就是金山银山。"生态文明既是全球共识，也是中国必选。面对日益严峻的生态形势，生态文明建设逐渐成为中国特色社会主义事业的重要内容。党的十八大以来，以习近平同志为总书记的党中央，从"五位一体"总布局的战略高度，从实现中华民族伟大复兴中国梦的历史维度，强力推进生态文明建设，努力建设美丽中国，以实现中华民族永续发展。

　　为全面学习贯彻党中央关于生态文明建设的各项政策意见，深入学习领会习近平总书记关于生态文明建设的重要论述，本书编写组组织编写了《中外生态文明建设100例》，并纳入《100例经典系列丛书》。本书选取100个中外生态文明建设典型案例，采用通俗易懂的故事和言简意赅的点评相结合的方式，富有知识性与前瞻性，旨在从城市、工业、农业、科技、建筑、山川、旅游等多个角度呈现世界各国的优秀生态样本，发掘内在智慧，探索发展前景，为中国各领域推进生态文明建设、建设美丽中国提供学习典范和决策参考。

本书的编写得到了中共江西省委领导的高度重视和大力支持，原江西省委常委、宣传部长刘上洋同志为本书策划定题并作了统领性的编写指导和书稿审定。徐景权、姚雪雪、冷青、熊伟明、胡青松、胡志敏、敖萌等同志参与了本书编写工作。百花洲文艺出版社为本书的编写和出版给予了大力支持，在此一并致谢。

由于时间仓促和编者水平有限，不足之处在所难免，敬请广大读者批评指正。本书编写过程中，借鉴了有关资料，一并表示感谢。

本书编写组

2016年9月5日

中外**生态文明建设**100例

图书在版编目（CIP）数据

中外生态文明建设100例 /《中外生态文明建设100
例》编写组编写. -- 南昌：百花洲文艺出版社，2016.9
ISBN 978-7-5500-1907-2

Ⅰ.①中… Ⅱ.①中… Ⅲ.①生态环境建设 – 案例 –
世界 Ⅳ.①X321.1

中国版本图书馆CIP数据核字(2016)第218839号

中外生态文明建设100例

《中外生态文明建设100例》编写组　编写

出 版 人	姚雪雪	
责任编辑	胡青松	
美术编辑	方　方	
制　　作	张诗思	
出版发行	百花洲文艺出版社	
社　　址	南昌市红谷滩新区世贸路博能中心一期Ａ座20楼	
邮　　编	330038	
经　　销	全国新华书店	
印　　刷	江西千叶彩印有限公司	
开　　本	720mm×1000mm　1/16　印张　19.25	
版　　次	2017年1月第1版第1次印刷	
字　　数	200千字	
书　　号	ISBN 978-7-5500-1907-2	
定　　价	33.00元	

赣版权登字　05-2016-288

邮购联系　0791-6894736　邮编 330008
网　　址　http://www.bhzwy.com
图书若有印装错误，影响阅读，可向承印厂联系调换。